Xiang YangLan
Yiyang Zuoge
Zhixing Nühai

像杨澜一样做个知性女孩

雅恩 / 编著

中国物资出版社

图书在版编目（CIP）数据

像杨澜一样做个知性女孩/雅恩编著．—北京：中国物资出版社，2011.3

ISBN 978-7-5047-3686-4

Ⅰ．①像…　Ⅱ．①雅…　Ⅲ．①女性—成功心理学—青少年读物
Ⅳ．①B848.4-49

中国版本图书馆 CIP 数据核字（2010）第 255587 号

策划编辑　彭　茜

责任编辑　彭　茜

责任印制　方朋远

责任校对　孙会香　梁　凡

中国物资出版社出版发行

网址：http://www.clph.cn

社址：北京市西城区月坛北街 25 号

电话：（010）68589540　邮政编码：100834

全国新华书店经销

北京京都六环印刷厂印刷

开本：710mm×1000mm　1/16　印张：17　字数：237 千字

2011 年 3 月第 1 版　2011 年 3 月第 1 次印刷

书号：ISBN 978-7-5047-3686-4/B·0267

印数：00001—10000 册

定价：29.80 元

【前　言】Preface

时间过得真快！昨天，你们还是依偎在父母身边撒娇的孩子，今天就已经成了亭亭玉立的大姑娘。在不经意间，你们就这样长大了。

长大的感觉，就像看着小蝌蚪越变越短的小尾巴，真是奇妙极了！

成长无疑是快乐的，成长孕育着梦想，像露珠一样饱满；成长也描绘着希望，像花朵般秘密绽放。成长是一个静悄悄的过程，它充满无限的未知，因而充满着无限的希望。就像德国天文学家拜尔描述的那样，少年像一个快乐的王子，不问天多高，也不知人间尚有烦恼，他一心只想摘下天上的星星，铺一条光辉灿烂的大道。

成长是如此的玄妙，未来的精彩就在成长中酝酿。

可成长也并不是那么简单！它不只充满着欢乐、力量，也洒满了迷茫、困惑、挫折和泪水——也许你现在正被考试和升学的压力压得喘不过气来；也许你现在正在为自己没有美丽的外表而苦恼；也许你现在正在因为考试的失利而暗自垂泪；也许你正在为爸爸妈妈不理解自己而苦闷；也许你正在犹豫是否要去参加学校的演讲比赛……生活中总是充满了这样那样的困惑和烦恼。幸好，你有眼前的这本书，它可以为你解开困惑，陪伴你成长，让你在成长的道路上不再孤单。

从走进公众视线的那一天起，杨澜就以知性、优雅的形象示人，她也因此成为许多女孩心目中的榜样。

从《正大综艺》到《杨澜视线》、《杨澜工作室》、阳光卫视，杨澜从人生的第一个高峰跌落，却收获了一份成熟和理性；从《杨澜访谈录》到《天下女人》，杨澜再次证明了自己的主持实力，找到了另一个发展的舞台。我们还记得拥有端庄气质的她作为北京申办2008年奥运会的形象大使，在全世界人面前用流利的英文陈述北京申办的实力和热情，那一刻她感染了所有的听众；我们也欣赏她作为一个主持人，在重要场合机警的对答和巧妙的转场……杨澜的精彩让人羡慕不已，她成了众多女孩心中的偶像。很多女孩都期望有一天自己也能像杨澜那样，拥有一个精彩的人生。

其实，亲爱的女孩们，只要你愿意，只要你找到方向和方法，你也可以像杨澜一样精彩。因为杨澜能有今天的这些成就，都是她一步一个脚印通过自己的努力不断争取来的，她的美丽、知性、优雅都是在生活的磨砺中一点一滴积累起来的，这些是任何环境、任何家庭中的女孩子都可以学习和复制的。我们的人生才刚刚开始，有大量的时间去学习、去积累，也有大量的挑战等着我们去突破，去成就自我，我们的人生有无限精彩的可能。

愿每一个女孩都能获得精彩的人生！

编　者

2010年10月

【目　录】

Contents

Chapter 1

致女孩：每一朵花都是美的

Chapter 2

你将成为你希望的样子

Chapter 4
快乐成长，青春没有烦恼

Chapter 5
成长路上，你不是一个人

Chapter 6

这些道理，晚知道会吃亏

Chapter 7
善待自己，也多一点关爱给他人

Chapter 1

致女孩：每一朵花都是美的

Lesson 1

外表并不像你想象的那么重要

康德曾说：女性是美丽的性别。对一个女孩来说，懂得什么是美，具有追求美的意识，并知道如何让自己更美才是至关重要的。

每个女孩都有自己独特的美。不管是艳丽夺目的玫瑰，还是朴实无华的空谷幽兰，只要是花，就有它的美丽之处。即使只是一株小小的紫罗兰，也可以安心地守着自己的一方天地，散发自己的芬芳。

外表并不像你想象的那么重要

2007年7月，由第六届中国国际美容时尚周组委会、北京电视台等19家主流媒体联合评选的“2007中国最美50女人”，杨澜位居榜首。是杨澜的美貌力压群芳获得了这一殊荣吗？答案显然是否定的。单论外表，杨澜不是最美丽的，但她的智慧知性和典雅大方却让人觉得这才是真正美丽的女性。

在应征中央电视台《正大综艺》节目主持人时，就有人觉得杨澜不够漂亮，但最终，杨澜凭借着出众的能力和素质成为最后的赢家。由此可见，外表并不能和成功画等号，一个人的外表并不像你想象的那么重要。

有人曾经做过一项调查，结果发现有80%的女孩不喜欢自己的长相，觉得自己长得不够漂亮。她们中有的女孩嫌自己脸上有雀斑，有的嫌自己长得太胖，有的嫌自己长得不够高，有的觉得自己的鼻子不够挺，有的觉得自己的嘴巴太大，有的觉得自己的眼睛太小……

其实每个女孩就像一朵花，都有自己独特的美。

著名作家纪伯伦曾写过一篇名为《贪心的紫罗兰》的文章，一株小小的紫罗兰羡慕玫瑰花的高贵美丽，请求大自然将自己变成一株玫瑰花，大自然满足了它的这一愿望。可是，在变成玫瑰花的那个傍晚，一场暴风雨袭击了那个花园，暴风雨摧毁了花园里的所有玫瑰，包括那株紫罗兰变成的玫瑰。那株紫罗兰为了一时的光鲜照人付出了生命的代价。如果你是一株紫罗兰，你愿意吗?

有很多女孩，本来长得还不错，但是因为总是把注意力集中到自己外貌的一点点不足上，所以产生了自卑心理，老是低着头，缩着身子，弄得背也驼了，人也矮了，看着很没精神。甚至只要有人看她一眼，她就会想："他们一定觉得我长得很难看……"一个人连自己都看不起自己、厌恶自己，那还美得起来吗？自己都觉得自己不美，别人又怎么觉得你美呢?

好莱坞著名的女歌星琳达原来只是一个电车车长的女儿，她自幼酷爱唱歌和表演，她想成为一名当红的好莱坞明星。但是她的脸长得并不好看，她的嘴很大，而且是龅牙，每一次公开演唱的时候——在新泽西州的一家夜总会里——她一直想把上嘴唇拉下来盖住她的牙齿。她想要表演得"很美"，最终呢？她使自己大出洋相。

但是，在那家夜总会里听琳达唱歌的一个人，却认为她很有天分。"我跟你说，"他很直率地说，"我一直在看你的表演，我知道你想掩藏的是什么，你觉得你的牙齿长得很难看。"琳达当时一下子觉得无地自容，可是那个人继续说道："难道说长了龅牙就罪大恶极吗？不要想去遮掩，张开你的嘴，观众看到你不在乎，他们就会喜欢你的。"他很犀利地说，“那些你想遮起来的牙齿，说不定还会带给你好运呢！”

琳达接受了这个人的忠告，不再去掩饰自己难看的牙齿。从那时候起，她只想到她的观众，她张大了嘴巴，热情而高兴地唱着，最终她成为电影界和广播界一流的红歌星。其他的喜剧演员如今都还希望能学她的样子呢！

一个典型的“丑小鸭”变成“白天鹅”的例子，给了我们一个深刻的启示：外表并不像我们想象的那么重要，很多时候，我们十分在意的自身缺点，或许别人根本就没有注意到。

每个人对美的衡量标准是不一样的，所以千万不要用别人的标准来衡量自己。坦然地接受自己的长相吧！环肥燕瘦，各有千秋。

……成长箴言

一个人的能力和相貌之间是不能画等号的，说起来，这个道理人人都懂，但是仍有很多人以为外表才是一个人的全部，外表漂亮的以此为傲，长得丑的甚至不惜牺牲自己的健康去整容，事实上，这是十分愚蠢的做法。

真正的美来自内心，而不仅仅是外表

对于获得“2007中国最美50女人”的第一名，杨澜坦承她自认为长得很一般，但她从未因为无“花容月貌”而难过，反而觉得长相一般的女孩容易在其他方面努力。因为知道自己不管如何打扮都不可能光芒四射，那只好多看几本书，多做些别的事了。也正因为如此，杨澜知性、高贵、典雅的气质随着时间的积淀越发显现出她特有的魅力。

“实际上‘美丽’在我们的心目中是有多重定义的，你小时候，无论怎样看妈妈都是很漂亮的。就像90岁的老太太，她没有做过拉皮手术，但面部非常从容、开朗。当然90岁是一个非常老的年龄了，我觉得如果我90岁的时候有那样的神态和从容的话，肯定是很棒的事情。我觉得美丽不是一个单独的定义，有很多定义。像顺子唱的‘爱中没有丑的女人’，我觉得有自己的追求和爱好，有一种热情，无论对职业还是生活，我相信你眼神当中有很美好的东西，没有人说你不美。当然我们在穿衣和化妆方面可以有自己的个性，我不希望天下女人都变成千篇一律的美人。”对于“美丽”，杨澜如是说。

人的美丽有两种最基本的划分，一种是外在的形貌美，一种是内在的心灵美。人的外在美是人自身美的凝聚和显现，它既能给本人以极大的心理满足和心理享受，又能给他人以审美美感，使人赏心悦目。

很久以前，河马是动物界最美丽的动物之一。它的眼睫毛纤长细致，皮毛柔软光滑，尾巴上的毛很有光泽。河马最喜欢做的事情就是把自己的尾巴梳理得光溜溜的，整天坐在池塘边，举着自己漂亮的尾巴，注视着水中自己的倒影。一边看，一边赞美自己：“我真是太漂亮了！”“多么光滑的皮毛！多么漂亮的耳朵！多么美丽的尾巴！我是这片丛林中最美丽的动物！”

有一天，森林里发生了一场可怕的大火。炽热的火焰四处燃烧，所有的动物都往河边逃命，而此时河马却仍在池塘边顾影自怜。它得意地注视着自己在水中的影子，却没有发现危险正在一步步地向它逼近。

“大家怎么看不到我美丽的面庞呢？真是一群丑陋又愚蠢的怪物。”它向着水面喃喃自语。

就在这个时候，大火蔓延到了它的身边，火星溅到了它还在空中骄傲摇摆着的尾巴上。

“救命啊！”它大声喊叫，在地上跳来跳去，希望能扑灭尾巴上的火焰。但是火焰越来越大，渐渐地扩展到了它的背上。“救命啊！”它尖叫着，“救救我！救救我！我光滑柔软的皮毛着火了！”可是，森林中的其他动物都已经四散逃命去了，根本没人理它。眼看着自己就要被火焰给吞噬了，河马跳进了池塘，尽可能地屏住呼吸沉到了池塘底。当它再次浮出水面的时候，大火已经把森林烧了个精光。河马疲惫地爬上岸，坐在地上不停地喘息着。“这真是太可怕了！”河马低头看了一眼池塘，这时它惊讶地发现水中有一个光秃秃、满身褶皱的怪物。

原来，大火烧光了它美丽的皮毛，美丽细长的眼睫毛也被烧焦了，眼珠凸显在外面，长长的耳朵也萎缩成了两个丑陋的小卷，最糟糕的是，它最自豪的那条尾巴也不见了。

可怜的河马觉得没脸见人，立刻跳进了水里，怕其他动物看到，一直躲着不敢出来。直到今天，它仍然留在水里，只露出眼镜和鼻子在水面上，只在晚上没人的时候才敢出来。

美丽的河马因为太过注重自己的容貌而没有在意周围的情况，最终被大火烧成了一个丑八怪。在我们的身边，也有很多青少年喜欢把自己打扮得漂漂亮亮，以为相貌才是一个人的全部，殊不知，提高自己的内在修养和品行才是最重要的。

小洁是一个漂亮的女孩子，见过小洁的人无一不称赞她漂亮可爱。小洁在众人的称赞声中长大，渐渐地她越来越在意自己的容貌，常常一个人对着镜子欣赏自己，觉得自己是世上最漂亮的人。由于在镜子面前驻足太久，小洁的成绩开始走下坡路。

爱美之心，人皆有之。追求外在的形貌美，是人的天然本性，不应加以禁锢、压抑，而应该从美学上加以积极引导。心灵的内在美可以给人留下难以磨灭的印象，能引起人的内心深处的激动，打下深刻的烙印。它操纵、驾驭着外在美，是人之美的源泉。正因为有了内在美的存在，人才能真正成为完美的人，才能让人产生由衷的美感。灵魂比身体可能具有的美还要美得多。孟子将内在美理解为“充实”、“充实之谓美，充实而有光辉之谓大”，人们如能“善养吾浩然之气”，就能不局限于有限的身体而飞跃到内心充实的境界。所以，内在美比外在美更具有无可比拟的深度与广度。

人人都喜欢美好的东西，但是在追求美丽的同时一定不能丢掉学业和健康。要知道，再美的容貌也会随着岁月的流逝而走向衰老，唯有内心的善良和纯真才是一个人最宝贵的财富。红颜易逝，但源于丰富的内心和阅历的美却可以永存。

……………成长箴言

外在的美，只给人一道视线上的风景，短暂不持久。而内在的美给人的却是心灵上的感应，优雅、默契又心照不宣的美好享受。随着时间的流逝，再美的容颜也会逐渐消逝。但内在之美却不受岁月影响，而是随着智慧与阅历的增长，更加富有魅力。

给美丽做道加法

如今，杨澜已年逾40，但是她给人的印象是美丽依旧，好像岁月的刻刀不曾在她脸上留下任何痕迹。真的是这样吗？其实不然，再美的容颜也会有老去的那一天，我们唯一能做的就是不断地增加自己的知识储备，提升自己的修养、内涵，用修养、品位来给美丽做道加法。这些年，杨澜一直就是这么做的，她不断地充实自己，加强自己各方面能力的培养，所以，尽管已年逾40，但她美丽依旧。

这是上午的第二节课，老师的讲述已停下来，同学们正在进行课堂练

习。有初冬的阳光从窗外涌进来，流淌在摊开的课本上的字里行间。在教室的课桌间来回走动，看长长短短的秀发下亮晶晶的112粒“黑葡萄”，捕捉沙沙的写字声谱成的音乐，方老师感觉到自己好像是一位农民在田间小憩，擦汗的同时聆听着庄稼的拔节之声。

就像平静的湖面落下一粒小石子，突然的响声，惹得教室的花朵突然晃动起来。

靠窗那排坐在最后的同学，弄碎了一块小镜子。

教室里低低有了议论：

“臭美！”

“上课怎么能照镜子啊！”

“活该受批评了。”

“看老师怎么办！”

方老师没有言语，他有意无意地听着同学们的每一句议论。这些女孩子呀，全是十三四岁的年龄，作为旅游职校的新生，脸蛋、身材、口齿都是经过挑选的，一笑甜爽爽的，开了口有如一巢出窝的小鸟，三五分钟是静不下来，他知道她们在等他的反应。

其实，开始练习不久，他就看见那位同学悄悄地拿出了小镜子，她将镜子偷偷压在作业本下，写几下作业就照一照。借着阳光，一只蝴蝶形的淡黄色发卡舞动在她的前额，花季的年龄真是漂亮。

方老师想提醒她，但一时没想好合适的话，现在经同学们提醒，他忽然有了一种灵感。

他微笑着先开口问了一个物理问题。

“请说说平面镜的作用。”

“有反射作用。”这很简单，全班56位同学几乎异口同声地回答。

“是啊，”老师说，“同学们，几分钟前，我们教室里56位同学变成了57朵花，有一位同学借镜子反射出一朵。但是，镜子里的花是虚的，镜子只能反射美丽，要增加美丽或者让美丽面对岁月雨雪风霜的一笔笔减数，还是保持总数不变，我们唯一的办法是从另一面给它再一笔一笔地添上加数。这加数是指，我们一次次地做进步的努力，一次次地为自己的目标不轻言放弃，或者一次次向我们周围伸出自己的手……而此刻，对坐在教室里的你来说，帮助你增加美丽的是你的书本。”

再也没有任何声音，一池吹皱了的春水再度平静。

当天晚自习时，照镜子的女孩在日记中写下了这么一句话——给美丽做道加法。

留住美丽，并不在于我们的青春永驻，那是可望而不可即的，因为岁月风霜是无情的；留住美丽，它在于我们不断地用知识给自己的美丽增添新的筹码。那么，即使有一天我们的青春逝去，我们也会欣喜地发现，皱纹里的智慧已经成就了我们最大的美丽！

成长箴言

任何外表的美丽都会随着时间的流逝而衰退，对此，世上最昂贵的化妆品与护肤品也无能为力。为此，我们需要给自己增加其他方面的美丽——良好的修养、善良的心灵、优雅的气质、智慧的头脑……这些美丽丝毫不比外表的美丽逊色，也不会随着岁月的流逝而衰退，它们会像钻石般永远闪烁着耀眼的光芒。

Lesson 2

优雅是女孩气质的灵魂

优雅是女孩气质的灵魂。每个人所培养出的优雅气质，只能属于她自己。岁月可以侵蚀掉花容月貌，但却不会使一个人真正的优雅有丝毫的减损。因为优雅一旦根植在人的身上，就会与她的灵魂相契合，蕴藏着永恒的美感，日益醇厚。

良好的教养是随身的标签

一个人如果没有才，不会有人怪他，但是如果一个人没有好的教养，即使他才高八斗、学富五车，也不会有人看得起他。因为，良好的教养是一个人随身的标签。

当初在参加《正大综艺》的面试时，考官们将题目发下去之后，就让她们各自准备了。在准备时，有考官看到杨澜在指导另一个女孩的英语发音，这个小小的细节给考官留下了深刻的印象。

尽管那人是竞争对手，但杨澜心无芥蒂，毫不犹豫地帮她。有时候一个不经意的细节，往往能够反映出一个人的修养。

一位先生在报纸上登了一则广告，要雇一名勤杂工到他的办公室做事。有50多人闻讯前来应聘，但这位先生却只挑中了一个女孩。

“我想知道，”他的一位朋友问道，“你为何喜欢那个女孩？她既没带一封介绍信，也没受任何人的推荐。”

“你错了，”这位先生说，“她带来许多介绍信。她在门口蹭掉脚下带的土，进门后随手关上了门，说明她做事小心仔细。当看到那位老人时，她立即起身让座，表明她心地善良、体贴别人。进了办公室我请她坐下的时候，她很礼貌地跟我说了‘谢谢’。其他所有人都从我故意放在地板上的那本书上迈过去，而这个女孩却俯身拾起那本书，并放回桌子上。当我和她交谈时，我发现她衣着整洁，头发梳得整整齐齐，指甲修得干干净净。难道你不认为这些细节是极好的介绍信吗？我认为这比介绍信更为重要。”

良好教养的形成，不是一蹴而就的，而是要用一生去培养的。

有教养的人能约束自己的行为、言谈，与他人和谐共存；无教养的人则以自我为中心，蔑视礼仪与规范。有教养的人会在不经意间展示良好的风范；无教养的人则虚伪、做作、为人表里不一。有教养的人对待金钱、生活、娱乐有着正确而成熟的态度；无教养的人则虚荣、放纵而媚俗。

40年前，苏联宇航员加加林乘坐“东方”号宇宙飞船进入太空遨游了108分钟，成为世界上第一位进入太空的宇航员。加加林能在20多名宇航员中脱颖而出，起决定作用的是一个偶然事件。

原来，在确定人选前的一个星期，主设计师罗廖夫发现：在进入飞船前，只有加加林一人脱下鞋子，只穿袜子进入座舱。就是因为这个礼节，加加林一下子赢得了主设计师的好感。罗廖夫感到这个27岁的青年如此懂得规矩，又如此珍爱自己为之倾注心血的飞船，于是他决定让加加林执行这次飞行。

正是因为脱鞋入舱这一细微的差别，使加加林走进了太空。无独有偶，德国有一句谚语叫“脱帽在手，世界任你走”。有教养不一定总能为你带来好运，但没有教养却往往会与幸运擦肩而过。对于有教养的人来说，成功的大门会向他们敞开，他们即使身无分文，也随时随地会受到人们热情的接待。不妨假设有这么两个人，他们在其他方面都一样，只是在待人处事方面不同：一个谦和友善、助人为乐，举手投足间无不具有绅士风范；而另一个举止粗鲁轻慢，对人总是吹毛求疵，没有一点合作精神。很显然，前者的事业会蒸蒸日上，后者只会江河日下。

良好的教养一般体现在以下10个方面：

（1）守时。无论是开会、赴约，有教养的人从不迟到。她们懂得，不管什么原因迟到，对其他准时到场的人来说，都是不尊重的表现。

（2）谈吐有度。从不冒冒失失地打断别人的谈话，总是先听完对方的发言，然后再去反驳或者补充对方的看法和意见，也不会口若悬河、滔滔不绝，不给对方发言机会。

（3）态度亲切。懂得尊重别人，在同别人谈话的时候，总是望着对方的眼睛，保持注意力集中；而不是眼神飘忽不定，心不在焉，显得一副无所谓的样子。

（4）语言文明。不会有一些污秽的口头禅，不会轻易地尖声咆哮。

（5）合理的语言表达方式。尊重他人的观点和智慧，即使自己不能接受或明确同意，也不情绪激动地提出尖锐反驳，更不会找第三者谈别人的坏话，而是陈述己见，讲清道理，给对方以思考和选择的空间。

（6）不自傲。在与人交往相处时，从不凭借自己某一方面的优势，而在别人面前有意表现自己的优越感。

（7）恪守承诺。要做到言必行，行必果，即使遇到某种困难也从不食言。自己承诺过的事，要竭尽全力去完成，恪守诺言是忠于自己的最好体现形式。

（8）关怀体贴他人。不论何时何地，对妇女、儿童及上了年纪的老人，总是表示出关心并给予最大的照顾和方便，当别人的利益和自己的利益发生冲突时能设身处地地为别人想一想。

（9）体贴大度。与人相处胸襟开阔，不斤斤计较、睚眦必报，也不会对别人的一些过失耿耿于怀，无论对方怎么道歉都不肯原谅，更不会嫉贤妒能。

（10）心地善良，富有同情心。在他人遇到某种不幸时，能尽自己所能给予支持和帮助。

良好的教养能使我们在勤勉的同时，更容易获得成功。俗话说，"和气生财"，文明的举止习惯可以为我们打开一切财富之门。它也能使我们减少人际摩擦，使人生变得快乐轻松。

请记住：教养是你最大的一笔财富。你要向成功投资吗？就以教养为资本吧。教养也是人生的守护神，它使我们不致因愚蠢地抛弃教养而触犯法律，使自己"一失足成千古恨"。教养更是幸福的保证，你使他人幸福，你也会得到幸福。

……………成长箴言

良好的教养是一种夺目的吸引。良好的教养胜过华美的服装、昂贵的饰品，更胜过地位和名利。健康的形象，得体的举止，恰当的谈吐，都将为你吸引无数的目光与赞叹……

良好的教养是一种优雅的气味。一切的智慧和美德都是从拥有良好教养的心灵散发而出，并随着空气弥漫开来的；无形之中，让人感知你的内涵和深度……

良好的教养是一种哲理的感悟。拥有良好教养的人往往都具备出众的品性和广博的学识，他们的教养有极高的境界和亲和力，使得他们成为人群中的领袖……

良好的教养是一个人随身的标签，值得我们每一个人去学习。

礼貌体现一个人的修养

在很多人眼里，杨澜是知性、大气、得体等一系列形容女性的褒义词的最好代言人。她是女性的典范，永远优雅，永远出色，永远先行一步。这些跟小时候父母对她的教育不无关系。杨澜还很小的时候，每天晚上爸爸都会给她讲故事，然后告诉她故事中的道理。从这些故事里，杨澜知道了，一个人要有责任，对家庭、对社会的责任，遇到困难要坚持努力克服，做人要讲礼貌、有修养等。

古人说："无礼不能立。"我国是一个历史悠久的礼仪之邦，讲究文明是人们的处世之本。礼貌待人，反映着一个人的精神面貌和文化素质。

而今天，我们经常见到一些缺少文明礼貌的行为：脏话连篇，随地吐痰，在一些公共场合旁若无人地大声喧哗，随手乱扔废弃物，买东西不排队，上公共汽车乱挤，等等。人们瞧见了会说："这孩子真没礼貌。"

一天，妈妈带小丽去参加老同学聚会。用餐时，大人们推杯换盏尽情地聊着，小丽伸着筷子，看哪盘菜好吃就一个劲儿地挑着吃，一副不管不顾的样子。有人开玩笑说："这小丫头真精啊！"妈妈听了简直无地自容。是呀，在家里吃饭这不算什么事，奶奶每次做了好菜都紧着小丽吃。像三鲜虾仁这道菜，小丽就专挑虾仁吃，奶奶还帮着她挑，直到把盘子里的虾仁挑得一个不剩，留下一堆黄瓜片，她才住手。现在虽说到了外边，可习惯已经成自然了，这丢脸的吃相一时哪里改得过来。

对于女孩来说，礼貌是至关重要的。那么如何让自己养成良好的礼貌习惯呢？不妨参考下面的方法。

1．说话时运用敬语和谦让语

这样不仅能与人增进友谊，使人乐于合作、乐于提供帮助和方便，还会让人觉得你有修养。

如询问对方姓名可用贵姓、尊姓大名、芳名（对女性）等。

询问对方年龄可用高寿（对老人）、贵庚、芳龄（对女性）等。

称呼长辈可以用大叔、大娘、叔叔、伯伯、阿姨等。

在日常生活中，敬语还有一些习惯用语。如初次见面说“久仰”，很久不见说“久违”，祝贺喜事说“恭喜”，请人批评说“指教”，请人原谅说“包涵”，求人解惑说“赐教”，托人办事说“拜托”，等待客人说“恭候”，看望别人说“拜访”，宾客到了说“光临”，陪伴客人说“奉陪”，中途先走说“失陪”，求给方便说“借光”，请人勿送说“留步”，两人告别说“再见”。

当言行失误之时，可说“很抱歉”、“对不起”、“失礼了”、“不好意思”等。

请求别人谅解之时，可说“请包涵”、“请原谅”、“请别介意”。

敬语和谦让语不可滥用。如果大家在一起相处很久了，相互之间做些一般小事，有的就不必多用谦让语。熟人之间多用滥用谦让语，反而会给人一种虚伪之感。

当然在平时，即使你是率直、不拘小节的人，对别人说话时也应尽量注意礼貌及谦和的态度，如此经常不忘以诚恳的口吻说“请”、“谢谢”、“对不起”、“您好”、“麻烦您”、“抱歉”、“请原谅”等谦让语，必定使你待人处事更加顺利。

2．在公共场合留心自己的言行举止

在公共场合，除了要吃有吃相、坐有坐相，还应注意以下几种妨碍他人的、令人生厌的行为举止：

（1）公开露面前，须把衣裤整理好。尤其是出洗手间时，你的样子最好与进去时保持一样，或更好才行，边走边扣扣子、拉拉链、擦手甩水都是失礼的。

（2）参加正式活动前，不宜吃带有强烈刺激性气味的食物（如葱、蒜、韭菜、洋葱等），以免因口腔异味而引起交往对象的不悦甚至反感。

（3）在公共场所高声谈笑、大呼小叫是一种极不文明的行为，应避免。在人群集中的地方特别要求交谈者加倍地低声细语，声音的大小以不引起他人注意为宜。

（4）在众人之中，应力求避免从身体内发出的各种异常的声音。咳嗽、打喷嚏、打哈欠等均应侧身掩面再为之。

（5）公共场合不得用手抓挠身体的任何部位。文雅起见，最好不当众抓耳挠腮、挖耳鼻、揉眼、搓泥垢，也不可随意剔牙、修剪指甲、梳理头发。若身体不适非做不可，则应去洗手间完成。

（6）对陌生人不要盯视或评头论足。当他人在私人谈话时，不可接近。他人需要自己帮助时，要尽力而为。见别人有不幸之事，不可有嘲笑、起哄之举动。自己的行动妨碍了他人应致歉，得到别人的帮助应立即道谢。

（7）在人来人往的公共场所最好不要吃东西，更不要出于友好而逼着在场的人非尝一尝你吃的东西不可。爱吃零食者，在公共场所为了维护自己的美好形象，一定要有所克制。

（8）在大庭广众之下，不要趴在或坐在桌上，也不要在他人面前躺在沙发上。走路脚步要放轻，不要走得咚咚作响，遇到急事时，不要急不择路，慌张奔跑。

（9）感冒或其他传染病患者应避免参加各种公共场所的活动，以免将病毒传染给他人，影响他人的身体健康。

（10）对一切公共活动场所的规则都应无条件地遵守与服从，这是最起码的公德观念。不随地吐痰，不随手乱扔烟头及其他废物。非吐非扔不可，必须等找到垃圾桶后再行动。

总之，对女孩来说，保持良好的文明礼仪，将让你受益终生，它不仅增添你的形象魅力，更能令你在以后的道路上如鱼得水。

…… …… …… ……成长箴言

言行举止上的细节是一个人素质和修养的表现，优秀的人大多也是注意细节的人。

有时候，一个很小的动作或礼貌习惯都有可能影响到事情的结果。所以，不论任何时候都一定要注意礼貌待人，因为礼貌体现的是一个人的修养。

优雅得体的举止为你加分

说到杨澜，她的智慧与优雅并存的淑女形象早已被大家熟知。而她在“2006中国电视主持人盛典”上，在澳大利亚悉尼歌剧院里，在华盛顿的肯尼迪表演艺术中心的舞台上，在联合国总部的特奥论坛上，在一系列万众瞩目的国际舞台上所展现出的完美得体的举止正是对她优雅气质最好的诠释。

谈吐不俗，举止优雅，是一种美，一种境界。优雅，就是知道在什么时候该说什么话该做什么事，怎么样说和怎么样做。

生活的美来自各个方面，优雅不同于外在美丽的惊艳，而是特别的气质和神韵，温润的沁人心脾，让人痴迷不已。优雅、大方的举止是人体动态美和静态美的结合，它比靓丽的容颜更能吸引别人的目光，所以我们有必要对此多加关注。

女孩们要选择并坚持一项自己的爱好，且将其发展成自己的特长，必要的时候，略略施展，不啻为获得优雅的小窍门。想象一下，一伙人去同学家，在众人争夺麦克风的时候，你在书房信笔挥毫一幅秀丽的水墨画，这时候的你芳华自现，雅致无敌。

在一家咖啡馆曾发生过这样一件事。一位顾客指着面前的杯子高声喊道："服务员！你过来！你过来！"他满脸不悦，"看看！你们的牛奶是坏的，把我的红茶都糟蹋了！"

"真对不起！"服务员一边赔着不是，一边微笑着说，"我立即给您换一杯。"

一杯新的红茶很快就准备好了。和先前一样，碟子和杯子里放着新鲜的柠檬和牛奶。服务员轻轻放在顾客面前，又轻声地说："我是不是能建议您，如果放柠檬就不要放牛奶，因为有时候柠檬酸会造成牛奶结块。"

那位顾客的脸一下子红了，匆匆喝完茶就出去了。

有人笑问服务员："明明是他土，你为什么不直接说他呢？他那么粗鲁地叫你，你为什么不还以颜色？"

"正是因为他粗鲁，所以要用婉转的方式对待；正因为道理一说就明白，所以用不着大声。"服务员说，"理不直的人，常用气壮来压人。理直的人要用和气来交朋友。"

服务员小姐风度是不是优雅得让人叹服？

但是，可以想象，如果当时服务员大声指责顾客的错误，很可能会引得顾客因恼羞成怒而变得更加粗鲁，如果两个人"脸红脖子粗"地吵架，服务员小姐的风度哪还有"优雅"可谈？

优雅就是对事物分寸的准确拿捏，就是进退有度，游刃有余。好比说人脸上的笑容，冷若冰霜的人让人退避三舍，但若是笑得过于放肆，那就只能被评价为失态了。

优雅就是这样一种魅力：不温不火，不过不失，恰到好处的沁人心脾。

一个人的言行举止，包括她选择怎样的衣饰，都像一张名片一样向别人展示着自己，展示着自己的身份、修养和气质。所以，女孩子们要想让自己变得优雅，就需要在举手投足上注意修炼自己。要知道，优雅与否，无不体现在你一举手，一投足，一回眸，一转身之间。

…………成长箴言

每个人所能培养出的优雅气质来自完善的内心，是充实的内心世界、质朴的心灵形诸于外的真挚表现，是自信的完美个性的体现。而所有的这些都来自于你所受的教育、你的自身修养以及你对美好天性的培植与发展。

博览群书，让书香弥漫成长的岁月

有记者曾问过杨澜有关读书的问题，杨澜表示，读书可以增加一个人的底气。“也许读过的东西有一天会全部忘掉，但正是这个忘掉的过程，塑造了一个人的知识结构和举止修养。”每次做《杨澜访谈录》的节目录制时，要在短短一小时内与各个领域的顶尖人物发生思想碰撞，做出精彩访谈，杨澜都要事先做很多的准备，寻找大量的材料并且要对材料进行仔细的阅读，“读了那么多东西，节目里并不一定直接用到，只是为了不问愚蠢的问题而已”。

我们的人生只有短短的几十年，所接触了解的人也只有几百上千人，经历的事情也很有限。而书中却藏着古今中外各种各样的人的生活和思想，不听听他们的故事，不分享一下他们的喜悦和悲伤，不了解一下他们的所思所想，你不觉得遗憾吗？

书能满足我们的好奇心，丰富我们的内心生活，读书还能促进我们人格的发展和心智的成熟。英国著名思想家培根曾经说过：“读书可以怡情……读史使人明智，读诗使人灵秀，数学使人周密，科学使人深刻，伦理使人庄重，逻辑修辞之学使人善辩。凡有所学，皆成性格。”总之，读书就是在别人思想的帮助下，建立起自己的思想。

书就像一把金钥匙，能够帮助人开阔视野，净化心灵，充实头脑。法国作家罗曼·罗兰曾说：“多读些书吧，读些好书，这是唯一的美容佳品，书是女人气质的时装，会让女人保持永恒的美丽。” 对于女孩子来说，书可以让女孩变得聪慧，变得坚忍，变得成熟。爱读书的女孩，不管走到哪里都是一道风景。也许她貌不惊人，但她的美丽却是骨子里透出来的，她谈吐不俗，仪态大方，能给人以无限的美感。读书能让女孩有一种“静”气，爱读书的女孩比较沉稳，有主见，善解人意。

读书可以丰富人的思想，滋养人的心灵，让人以更加智慧、更加优雅的方式去生活。而且读书还为女孩的美丽增添了厚重的文化底蕴和质感。所以，如果你想做一个有气质、有魅力的女孩，一定要多读些书。

那么，在浩如烟海的书籍中怎样选择适合自己阅读的好书呢?

首先，我们要知道书有很多种，如同朋友有很多种一样。一种是知心好朋友。她是知己，也是玩伴。与她交往会觉得身心愉悦而互相受益，公平而有价值，不必隐瞒或吹嘘，不必委屈或失去自我。你们是独立的，也是一体的。就像一本好书，令人爱不释手又不成为别人思想的跑马场。一些非常有格调的艺术作品就属于这一类，值得反复欣赏，永不会令人感到厌倦。《红楼梦》、《飘》、《简·爱》等著作值得女孩一生去咀嚼。

一种是知心朋友。你可以和她进行深层的谈话，交流各自的想法，她能为你点一盏灯。灯光是明亮的，仿佛穿透了你的内心。只是，期盼的轻松会被这种严肃而绝对的气氛吓跑，隐隐地总觉得隔点儿什么，缺点儿什么，稍显沉重了。比如，一些哲学专著，初读来总觉生硬，但书中至理又何尝不是前人留下的生活财富呢。

还有一种是好朋友。她可以陪你度过闲暇的时光，放下一切而舒展身心，给你最真的快乐感觉。只是你无须也无法向她提及工作学习、未来发展之类，因为她只是一个伴儿，一个从童年最初友谊中延伸下来的伴儿，那种原始的快乐是有条件和期限的。比如，一些畅销书，一些引人入胜的小说，在品读的过程中，让你体味阅读的乐趣。不过，它们的深度毕竟有限，读过就可以放下了，不必怀念。

最后一种就是普通朋友。可有可无，可多可少。她们游荡在你的世界的边缘，有时候会进到你的生活圈里扮演一个角色，有时候在她们自己的世界里扮演另外一个角色。不是她们不够好，是她们彼此太相像了，你甚至找不到一个让自己心动和想念的理由。比如，一些面向底层大众的通俗读物，文字浅显，整体感觉也较粗糙。即使有很多人都在看它，也不值得你浪费时间和精力在上面。

了解了这些，接下来，你就可以从这些朋友中精选一些永久地加入自己的书架。时时阅读，把生活读成诗，把人生读成散文。正像余秋雨先生说的："读书可以使自己成为一个健全的人，可爱的人，健康的人。"读书也可以让女孩成为一个智慧的人，一个幸福的人。

人的一生虽然很长，但青春年少的时光却很短，我们的容颜会随年华而老去，但我们可以通过多读书、读好书来改善自己的气质，因为心灵的丰富和精神的充实会让我们青春永驻，美丽永存。

成长箴言

渊博的知识是修养的前提。学识的素养，不是短时期可以装模作样的假象，而是贯穿于生活每个细节中的自然流露、自然表现。黄山谷曾说："三日不读书，面目可憎。"可知读书求知的重要性。

古人云："腹有诗书气自华。"具有渊博知识的女孩身上会散发出一种优雅的风度。一个具有渊博知识的女孩，远比那些随波逐流、见识肤浅的同龄人更有魅力。

Chapter 2

你将成为你希望的样子

Lesson 3

自主的人生之旅提早起程

成长的道路上，父母、老师、长辈会为你做很多事情：教你如何做人，告诉你如何分辨是非……但是，你要明白，即使父母会陪你一辈子，也还是要由你自己作出那些重要决定。人生之路，无论坎坷还是幸福，只能由自己驾驭，你的未来只能由你自己决定。

丢开拐杖才能跑

杨澜上中学时，母亲的身体状况不是很好，很多家务都不能做，这样家务活就都落在了杨澜身上。从那个时候开始，杨澜感觉到自己长大成人了。虽然只是简单的买菜、做饭、洗衣服这些原来就学过的事情，但现在毕竟跟原来有所不同。原来是帮妈妈做一点，偶尔才会连续做家务。现在，爸爸妈妈开始把杨澜当做大人一样看待。扫地、洗床单、买菜、做饭，甚至换煤气这样的体力活，都成了杨澜一手承担的家务。从小就开始操持家务，培养了杨澜独立的个性。杨澜以后的事业发展，与她的独立个性的养成不无关联。

有一个美国小男孩，父母在生活上对他要求很严，平时很少给他零花钱。8岁的时候，有一天他想去看电影，可身无分文。他打算自己挣钱，于是他调制了一种汽水放在街边，向行人出售。因为正值冬天，没人购买，最后只等到两个顾客——他的爸爸和妈妈。

他仍然不停地寻找机会。

一次为父亲取报纸时，他想到了一个主意：为邻居送报纸！这个主意得到了大多数邻居的赞同，于是，每天早晨他把报纸塞到他们的房门下面，报酬是每个月1美元。几个月后，他就赚到了70美元！对于一个孩子来说，这可不是一个小数目。随后，他早晨送报时顺便运送邻居的垃圾，还为别人喂宠物、看房子、给植物浇水，他的月收入随之直线上升。

一年后，他开始使用父亲的电脑学着写广告，而且开始写下小孩子能够挣钱的全部方法。不断想出新主意，而且马上实施，这让他很快就有了不少的积蓄。他的母亲还帮他记账，好让他知道什么时候该向谁收钱。

后来，他必须雇用别的孩子为他帮忙，然后把收入的一半付给他们。

一个出版商注意到了他，并说服他写了一本书，书名叫《儿童挣钱的250个主意》。于是12岁的他成了一名畅销书作家。

后来电视台邀请他参加许多儿童谈话节目，他在电视里表现得非常自然，受到许多观众的喜爱。15岁时，他有了自己的谈话节目。17岁时，他已经成了百万富翁。

人生之路上小男孩靠自己的力量成了百万富翁，他的经历让人羡慕和惊叹。但倘若他没有丢弃生活的拐杖，没有脱离对父母的依赖，又何来后面的发展？有人不明白，既然有拐杖，为什么还要辛辛苦苦地自己走路呢？就像故事中的小男孩，他也可以依赖父母啊，为什么还要去辛苦挣钱，去遭遇失败和挫折呢？

诚然，比起依赖别人，少了拐杖的确累得多，但是，与其现在因依赖而享受，不如靠自己的独立奋斗为将来获得更大的享受。人生道路上，拐杖永远也只能是外力，短时间内，你可以依赖它省时省力，但从长久看来，拐杖反而是潜伏的危机。拐杖使你养成了依赖心理，培养了你的惰性，当有一天拐杖不在时，也许你已经不具备奔跑的能力。所以，要想奔跑，拐杖绝不是支撑你的力量。

也许有人会犯难，“说得容易做着难”，“怎么做才能丢开拐杖摆脱对父母的依赖呢？我觉得我什么都不会啊！”其实做起来并不像你想象的那么难。不会的可以慢慢去学习，比如，整理衣服和书桌、打扫卫生、做饭、洗衣服，只有坚持自己的事情自己做，才能一步步变得独立自主。

卡耐基说：“为了成功地生活，青少年必须学习自立，铲除埋伏于各处的障碍，家庭要教养他，使他具有为人所认可的独立人格。”所以，不要再惧怕困难，扔掉心里的那根拐杖吧！

……成长箴言

我们的成功之路，是用自己的双脚走出来的；我们的人生舞台，是用自己的行动表现出来的。能够充分发展一个人的潜能的，不是外援，而是自助；不是依赖，而是自立，如果你总是让其他力量推着才能前行，那么，你的生命意义将归于零。

只有坚持自我的独立，用自己的脚走自己的路，才能走出一条属于自己的独特的成功之路。

完美的人生从学会自己作决定开始

在杨澜成长的过程中，父母并没有给她施加过多的压力，只要是她认准有道理的事情，父母都会支持她去做。

爸爸妈妈为了培养杨澜的决断能力，每次家里有事情的时候，都要询问杨澜的意见，给杨澜充分的发言权。有时候爸爸不在家，杨澜就在妈妈的监护之下开始“独断专行”，任意行使着家庭内部的权利。比如，家里需要添置什么物件等，都参考杨澜的建议。杨澜以后的事业发展，就充分体现了爸爸妈妈的先见之明。

在这样的成长氛围里，杨澜的独立性格有了一个宽阔的发展空间，并为她以后的成功奠定了基础，让她更早地融入社会，承担起一种心理意义上的责任，也让她养成了从小就聆听别人的意见，但最后一定要自己拿主意的性格。

一个大学刚毕业的女孩到一家著名的外企应聘文员工作。女孩凭借流利的外语和慧洁的文字表达，顺利地闯过这家企业以淘汰率高著称的三次面试。当女孩接到人事经理通知她参加最后一次面试的电话时，她欣喜若狂。按照这家企业的规矩，最后一次面试只是类似于简单的入职安排，能参加最后面试的人几乎就等于迈进了这家高薪水、高福利企业的大门。

最后一次面试那天，女孩把自己精心地装扮一新。当她坐在人事经理对面时，她自己都可以读到经理眼中的欣赏。确实，人事经理正在为能有这样一个优秀灵慧的女孩加盟到自己的公司而高兴。他带着微笑对女孩说：“经过公司的考核，认为你完全有成为公司优秀员工的良好素质，我谨代表公司通知你下周正式来上班。”虽然早已知道这样的结果，女孩还是十分开心地笑了起来，但是人事经理接着说：“你最初应聘的职位是文员，但结合你的个人能力，企业准备安排你到公关部门，不知道你有什么想法。”听到这样的话，女孩脸上的笑容僵硬了，最终她紧拧着两条秀眉说：“我要回去问问我爸爸妈妈。”人事经理愣了一下，说：“如果是这样，你先回家等通知，我们还需要对你的录用结果考虑一下。”

两天以后，女孩接到人事经理的电话，遗憾地对她说虽然她闯入终试，但还是没能够获得工作的机会。出于对这个女孩的喜爱，人事经理在电话里最后善意地提醒她：“其实你非常优秀，但记得下次面试时，要自己作决断，毕竟企业需要的是能独立工作的员工。”

在人生道路上，我们应该学会自己作出决定，也许我们的决定可能是错的，但你是你自己，你要学会承担你的失败，而不能让别人为你承担责任。这是人生的法则。如果你把决定权交给别人，你就可能受困于别人，或者自己也会变得不愉快。

人生有无数的难题和岔路口，如果每次都是父母或朋友帮你作好了决定，就等于你完全被别人代替了，尝不到选择的迷茫，也尝不到决定后的喜悦，你将渐渐失去你自己。要知道，任何人都不可能一辈子跟着你，为你作决定。

作为一个优秀的女孩子，一定要学会对自己的生活和人生作决断。父母、亲友的意见只能是你的参考，绝不能代替你自己的决定。要摆脱对父母、对亲友的依赖，要相信自己能完全替自己选择一个美好的人生。独立生活是你的权利，千万不要放弃你的这个权利。即使在独立作决断的过程中，你出现了错误也不要气馁。要知道错误是不可避免的，只要仔细分析原因，找到问题所在，就能提高你独立的能力和水平，为下一次正确的独立选择做基础。千万不要因为某一次错误就否定了自己的独立能力。

成长箴言

你是你自己人生的设计师，没有人可以保证你的将来，更没有人能保证你的生命。被别人保证，并且照着别人的保证去做的人，他的生命注定只能平淡无奇、碌碌无为。只有对自己的生命充满激情和幻想的人，才会不断地超越自己，达到一个又一个高峰，人生也才会因此而绚丽多彩、跌宕多姿。

你是你自己人生的设计师，你是你命运的主人。成功不是一场等待，生命不是一个计划，所有的行李已经备齐，出发的乐章已经奏响，你还在等什么呢？出发吧，不要再找任何借口，请马上行动！当你迈出第一步的时候，一个全新的人生将在你面前展现。

人生之旅，由你全程驾驭

杨澜应试《正大综艺》节目主持人的时候，还是北京外国语学院四年级的学生。面试时，主持面试的老师说，她希望找一个新“面孔”，最好是纯情一点的。杨澜虽然也有一点紧张，但是并没有诚惶诚恐地“配合”老师，刻意使自己更“纯情”一点。她在简单介绍自己之后，直言不讳地对主考老师谈了自己对主持人的看法：“电视台为什么一找主持人，就要纯情型的？我们缺少的是干练的职业女性形象。”就是这番话让主考老师对外表不是很出众的杨澜留下了深刻印象，她觉得杨澜是个有思想、有主见的女孩。

此后，杨澜经过了一次又一次的复试。

在整个应试过程中，杨澜一直都表现得有自己的主见，不人云亦云，敢于表达和主考老师明显不同的意见，最终她赢了。

一名中文系的学生苦心撰写了一篇小说，请作家批评。因为作家正患眼疾，学生便将作品读给作家听。读到最后一个字，学生停顿下来。作家问道：“结束了吗？”听语气似乎意犹未尽，渴望下文。这一追问，燃起学生的激情，他灵感顿生，马上接续道：“没有啊，下部分更精彩。”他以自己都难以置信的构思叙述下去。

到达一个段落，作家又似乎难以割舍地问：“结束了吗？”

小说一定勾魂摄魄，叫人欲罢不能！学生更兴奋、更激昂、更富于创作激情，他不可遏制地一而再，再而三地接续、接续……最后，电话铃声骤然响起，打断了学生的思绪。

电话找作家有急事，作家匆匆准备出门。“那么，没读完的小说呢？”学生问作家。

“其实你的小说早该收笔，在我第一次询问你是否结束的时候，就应该结束，何必画蛇添足、狗尾续貂？该停则止，看来，你还没把握情节脉络，尤其是缺少决断。决断是当作家的根本，否则，绵延逶迤、拖泥带水，如何打动读者？”

学生追悔莫及，自认性格太容易受外界左右，难以把握作品，恐不是当作家的料。

很久以后，这名年轻人遇到另一位作家，羞愧地谈及往事，谁知作家惊呼：你的反应如此迅捷、思维如此敏锐、编造故事的能力如此强大，这些正是成为作家的天赋呀！假如正确运用，作品一定脱颖而出。

做人最怕的不是贫穷，而是没有主见，经不住外界的影响而随风摇摆，最终随波逐流，放弃了自己最宝贵的东西。遇事没有主见的人，就像墙头草，东风东倒，西风西倒，没有自己的原则和立场，不知道自己能干什么、会干什么，自然与成功无缘。

每个人的经验难免受其自身经历的影响，如果我们内心没有自己的主见，完全听外界的声音，那么将永远与成功背道而驰。

世界上充满了来自外界的“应该”的命令，宗教、社会、家庭……有各种各样的你应该是谁和你应该怎样做的想法。但是，你身边没有一个人和你一样知道你个人的路线。他们指出的某些“应该”和你的“愿意”相称，但大多数却不相称。

一位优秀的母亲，曾给她的孩子写了这封直抵心灵的信：

我能给予你生命，但不能替你生活。

我能教你许多东西，但不能强迫你学习。

我能指导你如何做人，但不能为你所有的行为负责。

我能告诉你怎样分辨是非，但不能替你作出选择。

我能为你奉献浓浓的爱心，但不能强迫你照单全收。

我能教你与亲友有福同享、有难同当，但不能强迫你这样做。

我能教你如何尊重他人，但不能保证你受人尊重。

我能告诉你真挚的友谊是什么，但不能替你选择朋友。

我能对你进行性教育，但不能保证你保持纯洁。

我能对你谈人生的真谛，但不能替你赢得声誉。

我能提醒你酒精是危险的，但不能代替你对它说“不”。

我能告诉你毒品的危害，但不能保证你远离它。

我能告诉你必须为人生确定崇高的目标，但不能替你实现这些目标。

我能教给你做人的优良品质，但不能确保你成为善良的人。

我能责备你的过失，但不能保证你因此而成为有道德的人。

我能告诉你如何生活得更有意义，但不能给你永恒的生命。

我能肯定我将尽自己最大的努力给予你最美好的东西，但不能给予你前程和事业。

孩子，我能为你做很多，因为我爱你；但是，你要明白，即使我愿意永远和你在一起，也还是要由你自己作出那些重要决定。为此，我只求灿烂阳光永远照亮你的人生之路，使你总能作出正确的决定。

每一位读懂这封信的人都明白了这样一个哲理：人生之路，无论坎坷还是幸福，只能由自己全程驾驭。别人能教给你的仅有少许，幸福人生的秘诀在于自己的把握。

成长箴言

当我们在决定我们的生活是什么样的时候，我们总被引导着相信生活会决定我们是谁。而事实上，在这个世界上，只有你自己的精神才能告诉你，你将要走的前途是什么样子的。与其问生活在遥远天空的上帝你应该怎样做，还不如问问你自己。你应该坚持的事就是你自己的原则。相信、倾听你心灵的召唤，你就能生活在深刻的精神中，这也是最灿烂的道德之光。

Lesson 4 呵护梦想，它让你与众不同

梦想有一种巨大的魔力，能够不断召唤你前进。因此，无论你的梦想怎样模糊，也不管你的梦想看似多么的不可思议，只要你勇敢地听从梦想的召唤，正视它，并坚持不懈地走下去，就能使梦想变成现实。

给自己梦想，就是给自己一个目标，给自己一点信心，给自己一点战胜自我的勇气。请呵护你的梦想吧，它会给你一个与众不同的人生！

梦想是成长的动力

从《正大综艺》到《杨澜工作室》，从《杨澜访谈录》到《天下女人》，杨澜每一次华丽的转身都是为自己的梦想所驱使，梦想有多高，她就能飞多远。她非常欣赏席琳·狄翁说的一句话："每一天都要过得充满激情，这就像吻你所爱的人，只要心中有爱，每吻一次都会有新的感受。"关于梦想，杨澜曾经说过："梦想是成长的动力。"

"一个人可以非常清贫、困顿和低微，但是不可以没有梦想。只要梦想存在一天，就可以改善自己的处境。"这是美国鼎鼎大名的脱口秀女王奥普拉·温弗瑞的座右铭之一，也是激励了无数人的经典语句。其实，我们每一个人都一样，只要敢于挣脱平庸命运的摆弄，大

胆追梦，人生将会出现另一种辉煌与多彩。我们每个人都应相信自己，相信我们本身就是梦想大厦的设计师和建筑家。

60多年前，在美国三藩市，一位演员喜获儿子。由于父亲是演员，这个男孩从小就有了跑龙套的机会，他渐渐产生了当一名演员的梦想。可由于身体虚弱，父亲便让他拜师习武来强身。1961年，他考入华盛顿州立大学主修哲学，后来，他像所有正常人一样结婚生子。但在心底，他从未放弃过当一名演员的梦想。

一天，他与朋友谈到梦想时，随手在一张便笺上写下了这样一段话：

“我，布鲁斯·李，将会成为全美国最高薪酬的超级巨星。作为回报，我将奉献出最激动人心、最具震撼力的演出。从1970年开始，我将会赢得世界性声誉；到1980年，我将会拥有1000万美元的财富，那时候我及我的家人将会过上愉快、和谐、幸福的生活。”

当时，他过得穷困潦倒。可以预料，如果这张便笺被别人看到，会引起什么样的白眼和嘲笑。然而，他却牢记着便笺上的每一个字，克服了无数次常人难以想象的困难。一次，他曾因脊背神经受伤，在床上躺了4个月，但后来他却奇迹般地站了起来。

1971年，他主演的《猛龙过江》等几部电影都刷新香港票房纪录。1972年，他主演了香港嘉禾公司与美国华纳公司合作的《龙争虎斗》，这部电影使他成为一名国际巨星——被誉为“功夫之王”。1998年，美国《时代》周刊将其评为“20世纪英雄偶像”之一，他是唯一入选的华人。他就是“最被欧洲人认识的亚洲人”——李小龙，一个迄今为止在世界上享誉最高的华人明星。

梦想的实现需要一定的客观条件作为支持，可是在历史上不是常常有下列这样的情形出现：音乐天才很可能是出自一个根本买不起钢琴的贫寒人家，书法大家的成长居然是以一根根小树枝来描画……想想他们，我们还有什么困难不能克服呢？没有精美的笔记本，至少我们可以在简单的纸张上写下一道道数学题的答案；没有昂贵的油彩，至少我们可以用铅笔勾勒出一幅幅美丽的素描……梦想是一笔珍贵的财富，不要让梦想因为客观条件的不尽如人意而搁浅。

在一些著名人物的传记中，我们经常可以看到：他们往往要等上很多年，才能够获得成功。法国哲学家萨特几乎用了10年的时间来写他的第一本书。在10年的时间当中，萨特只专心撰写这唯一的一本书，三易其稿，可是最后却遭到了所有出版商的拒绝。试想一下：如果没有一个远大的愿望和梦想支撑着他，他能有这么大的动力吗？如果没有自己的梦想作为动力，他又怎么会牺牲自己生命中这么多宝贵的时间呢？

很多艺术家长达几年地专攻一幅画作、一本小说或一部戏剧，他们过着完全没有保障的生活，常常陷入贫困、经济拮据，但是所有这一切他们都可以置之不顾，只为了能够使自己梦想成真。演员、歌唱家和舞蹈家也是如此，虽经几年的奋斗仍然不成功，但是他们却从不轻易放弃自己的梦想，他们当中有许多人是过了很久才成名的。如果问他们：付出这么多艰辛值得吗？他们会回答说：必要的话，还将一直这么做下去。一个人丰富的内心世界和梦想在他人的眼里也许会显得“很古怪”，但是这恰恰是一个人真正拥有的财富。

梦想属于每一个人，然而，并不是每一个人都能真实地触摸到自己的梦想。只有在困难面前勇往直前的人，才能够最终采摘到成功的果实。

成长箴言

俄国大作家列夫·托尔斯泰说："梦想是人生的指路明星。没有它，就没有坚定的方向；没有方向，就没有美好的生活。"梦想是对美好未来的向往与追求，它在我们的生命中是不可或缺的。没有泪水的人，他的眼睛是干涸的；没有梦想的人，他的世界是黑暗的。

人因为梦想而伟大。有了梦想，我们可以在任何情况下，都拥有希望，坚信未来，不轻易妥协，不轻言放弃。

给梦想成长的时间

在一次对杨澜的采访中，记者问道："萧伯纳说人生的悲剧在于没有梦想和梦想实现之间。你非常幸运地行走在两者之间，且充满激情。财富是支持你行走的最大动力吗？"杨澜答道："财富给所有能驾驭它的人带来了极大的自由，这对理智的人是好事。我的数字财富其实就是我的公司，在我倾力去打造它的同时我没有忘记一个道理，那是当了母亲之后的我自己悟到的：很多事情，你只要像对待孩子一样让他慢慢地成长，自然会有开花结果的那一天。人只有对远景充满期待，才不会焦虑，也才会从容面对一切。"

的确，就像这位记者问话中提到的那句萧伯纳的名言：人生的悲剧在于没有梦想与梦想实现之间。许多人往往苦于找不着自己的梦想，或者是树立了目标，却不知该如何去实现它，杨澜在这里为我们讲出了她的办法，那就是像对待孩子一样对待梦想。养育孩子是个漫长而需要耐心的过程，但同时也是一个充满期待的过程，只要全心全意地去爱护他、教育他，自然会有收获的那一天。追求梦想也一样，我们不可能一蹴而就，只要以一种充满期待的心情去对待它，追求梦想的过程就是充实而有意义的。

多年以前，美国有一家报纸刊登了一则园艺所重金征求纯白色金盏花的启事，在当地一时引起轰动。高额的奖金让许多人热血沸腾，但在千姿百态的自然界中，金盏花除了金色的就是棕色的，能培植出白色的，不是一件易事。所以许多人一阵热血沸腾之后，就把那则启事抛到九霄云外去了。

一晃就是20年，一天，那家园艺所意外地收到了一封热情的应征信和一粒纯白色金盏花的种子。当天，这件事就不胫而走，引起轩然大波。

寄种子的原来是一个年已古稀的老人。老人是一个地地道道的爱花人，当她20年前偶然看到那则启事后，便怦然心动。她不顾八个儿女的一致反对，义无反顾地干了下去。她撒下了一些最普通的种子，精心侍弄。一年之后，金盏花开了，她从那些金色的、棕色的花中挑选了一朵颜色最淡的，取得种子。次年，她又把它种下去。然后，再从这些花中挑选出颜色更淡的花的种子栽种……年复一年。终于，20年后的一天，她在那片花园中看到一朵金盏花，它不是近乎白色，也并非类似白色，而是如银如雪的白。一个连专家都解决不了的问题，在一个不懂遗传学的老人手中迎刃而解，这不是一个只有靠梦想才能创造的奇迹吗?

实现梦想是个艰辛而又漫长的过程，没有足够的耐心和信心是得不到胜利的果实的。当梦想来到我们身边，请给它成长的时间，同时，你也不要忘记为它浇水，相信总有一天，它会像破茧而出的蝴蝶，带给你惊世的美丽。

……成长箴言

实现梦想的道路是漫长而又艰难的，我们要有足够的耐心和恒心。实现梦想的道路自然漫长，在路上时常会遇到坎坷，遇到磨难，没有恒心的人，会变得急躁，往往半途而废，甚至有的离成功就剩一步之遥。只有那些有恒心的人，才能在困难重重的时候一步一个脚印地坚持走下去，永不放弃。

心有多大，舞台就有多大

人生，就是一个追梦的过程，无数人为了心中的梦想，付出了很多的努力。重要的不是结果，而是这一条洒满汗水的追梦历程。秦始皇若没有那统一六国的雄心，他又怎能成为万世枭雄？汉武帝若没有消灭匈奴、拓展版图的壮志，又怎可成为汉朝的骄傲？成吉思汗若没有统一蒙古的心胸，又怎可成为后世景仰的一代天骄？……

对于杨澜来说，若她当初没有痛下决心从中央电视台出走，去美国留学深造，那么今天的杨澜恐怕是另外的一副面孔。

有一位穷苦的牧羊人，他的妻子在几年前离他而去，留下了两个儿子。他没有土地，只能靠给别人放羊来维持生活，日子过得很艰苦。

一天，他和他的两个儿子在山坡上放羊的时候，一群大雁从他们的头顶上飞过，消失在天边。小孩子总是好奇的，小儿子问他的父亲："大雁要飞到哪里去？"

"它们要飞到温暖的地方过冬。"牧羊人答道。

"如果我们也能像大雁一样飞起来就好了，那样我们就能飞到天堂去看我们的妈妈，她一个人在那里一定很孤单，她肯定想我们了。"大儿子说。

儿子的话让牧羊人流下了泪水。短暂的沉默后，牧羊人对两个儿子说："只要你们有飞翔的信念，我相信你们肯定能飞到天堂见到你们的妈妈。"

"我们现在就有这样的信念，我们现在就要飞起来，我现在就想去看看妈妈。"两个儿子伸开手臂试了试，但他们并没有飞起来。他们看了看父亲，很明显，他们在怀疑父亲所说的话。

牧羊人说："我可以试给你们看。"于是他张开双臂，但是他和自己的孩子一样，也没有飞起来。"我想肯定是因为我年纪大了才飞不起来，你们还小，只要朝着这个目标不断努力，我相信总有一天你们能飞起来。"

为了能飞到天堂去见自己的妈妈，从此飞起来的梦想深深地扎根于这两兄弟的心中，后来他们开始致力于飞翔的研究。在他们研究和试验的过程中，遇到了许多困难，吃了很多苦，也经历了无数次失败，但是他们一直没有放弃小时候的梦想。当别人认为他们是痴人说梦时，他们一笑置之。后来，他们终于飞上了天，他们就是莱特兄弟——飞机的发明者。

人没有翅膀也能飞起来，在如今有飞机的时代大家都深信不疑。然而在没有飞机的时代，绝大多数人都会觉得那是痴人说梦。但莱特兄弟有独特的视野，他们看到了"飞不起来的人"所不曾看到的东西。正如一句很经典的广告词：心有多大，舞台就有多大。一颗飞到天堂见妈妈的心，让莱特兄弟拥有了蓝天这个舞台。

莱特兄弟飞到天上去的梦想那么宏大，在旁人都认为那是天方夜谭的时候，他们的视野又是多么恢弘远大。青少年时期，是树立理想、播撒信念的关键时期。每个女孩都必须树立远大的理想，以一种博大的视野来确定前进的目标和方向，未来才能与众不同，才能有取得巨大成功的可能。

古人曾说：眼睛能看到多远，你才能走多远；目光能看到多长远，事业才能有多长远。如果你把自己将来的视野放之于世界，正如李宁品牌的广告词所说："一切皆有可能"。也许不久的将来你就是一个举世瞩目的时代骄子。但是如果你没有一种大视野，没有一颗大"野心"，你人生的舞台将很可能小到想跳支芭蕾舞都旋转不开的狭小天地。

不管梦想有多遥远，我们都要坚持走下去，因为梦想是我们生命中的灯塔，指引着我们走向更远更美的地方。只要心里那个坚定的梦还在，一切就仍有可能。

只要我们一心朝着目标前进，整个世界都会为我们让路。

成长箴言

梦想能激发人的潜能。心有多大，舞台就有多大。人是有潜力的，当我们抱着必胜的信心去迎接挑战时，我们就会挖掘出连自己都想象不到的潜能。如果没有梦想，潜能就会被埋没，即使有再多的机遇等着我们，我们也可能错失良机。

梦想是前进的指南针。因为心中有梦想，我们才会执著于脚下的路，不会因为形形色色的诱惑而迷失方向，更不会被前方的险阻吓退。

为梦想，随时准备从零开始

人人都要有一个梦想，这个梦想可以很大，也可以很小，它由你的个性与能力决定。然后你就可以为了实现这个梦想去努力，去奋斗。但追逐梦想的过程不会是一帆风顺的，只要我们确定了自己的梦想就要做好随时从零开始的准备。

豪迈的态度决定了豪迈的人生，凡是经历过重大挫折的人大都会锻炼出顽强的抗压能力。大不了就是从头开始嘛。

达因集团总裁张璨就是一位有梦想，敢于追逐梦想，为梦想坚持到底的成功女性。

张璨自认不是最聪明的人，只不过有一些“小聪明”。所以，读书和学习永远是张璨做不完的两件事。1997年下半年，达因集团在北大经济学院创办了一个“国际金融”研究生班，学生都是集团下属公司的总经理。

离开北大11年后，张璨重回北大读国际金融专业研究生。

至今张璨也不敢说自己是一个成功的企业家，她知道在理论和管理实践上她还需要不断地学习。因为她知道，目前的成功只是一小段。

没有人总是成功，失败是人生的必经阶段，能明白这一点，心态就会好很多。不至于在稍微遇到坎坷的时候就立即丧气。

曾有一天晚上，她跟几个朋友聊天，一直聊到第二天凌晨五点。她一个特别好的朋友一直跟她说，她从零开始行不行？那个时候她还很抗拒这种设想。

很久以后，张璨发觉从零开始原来并不可怕。但是，千万要记住：每个人都要有一个梦想，这个梦想可以很大，也可以很小。然后你就可以为了实现这个梦想去努力。有些智力因素诚然比较重要，但张璨认为有些东西更不能丢掉：首先就是坚定，你一定要很坚定，当你设定一个目标以后，你一定要全力以赴，一定要不屈不挠，一定要非常顽强，即使用任何表述坚定的词加在你的身上都不会过分。其次就是你一定要善于感受东西，就是从生活中的一点一滴、从各个方面去感受很多东西。另外，你随时都要有从零开始的准备，而且时时刻刻都觉得你对自己非常有信心。

从张璨的身上我们看到了这些优秀的品质，如果我们同样具备这份梦想与坚定，就不会害怕失败，不会恐慌从零开始。没有什么会一帆风顺，要随时准备从零开始，对自己有了这种准备、这种自信，那还有什么能打倒我们呢？

1914年12月，爱迪生的实验室在一场大火中化为灰烬。

那个晚上，爱迪生一生的心血和成果，就在熊熊大火中化为灰烬。大火烧得最凶猛的时候，爱迪生24岁的儿子查里斯在浓烟和废墟中发疯似的寻找着父亲。最后，他终于找到了，爱迪生平静地看着火势，他的脸在火光摇曳中闪亮，他的白发在寒风中飘动着。

那一年，爱迪生67岁了，已经不再年轻。人们以为爱迪生会被这场灾难给击垮。

但是大火后的第二天早上，爱迪生看着一片废墟说道："灾难自有它的价值。瞧，我们以前所有的谬误、过失都给大火烧个一干二净，感谢上帝，这下我们又可以从头再来了。"

大火并没有烧掉爱迪生的发明热忱，火灾才刚过去三个星期，爱迪生就开始着手推出他的第一部留声机。然而这只是爱迪生发明创造的开始。在接下来的数十年中，一项又一项的发明在他手中诞生，他除了在留声机、电灯、电话、电报、电影等方面的发明和贡献以外，在矿业、建筑业、化工等领域也有不少著名的创造和真知灼见。

在实现梦想的道路上，一个面对困难仍然满怀信念、充满勇气的人，一定能够东山再起的，就如同爱迪生一样，能够在一场大火之后，很快就让世界上第一部留声机问世。而同样面对挫折，你是否能够微笑应对呢？选择勇敢面对，重新打开一个崭新的开始，你会看到更多更美的风景，同时你会得到更大的收获和快乐。

…………成长箴言

有一首歌中这么唱道："心若在梦就在，天地之间还有真爱；看成败人生豪迈，只不过是从头再来。"在实现梦想的道路上，一个有着坚强信念的人，即使遇到挫折、遭遇失败，最后一无所有，他也一定会选择勇敢面对，一切重新开始。

Lesson 5

人生不是漫无目的地散步

人生不是漫无目的地散步，将来要成为一个什么样的人，自己喜欢干什么，适合干什么，自己的优势在哪里，我们都要事先在自己的人生坐标中找到定位，这些搞清楚了，你才能走得对，走得顺，走得快，才能走上成功的康庄大道！

决定自己要成为什么样的人

由央视的名主持到远涉重洋的学子，再到凤凰卫视的名牌主持，最后到阳光卫视的当家人，杨澜的角色在不断地变换。而以一位文化经营商的身份出现在公众的视野里，则是杨澜人生最重要的一次角色转换。

但无论如何转、如何变，杨澜始终把自己定为“传媒人”，聪慧的她很清楚自己就是这块料，所以从没有偏离做媒体这个大方向。而她的角色转换就在于她制定的目标层次一直在提高。

富兰克林曾经说过：“宝贝放错了地方便是废物。人生的诀窍就是找准人生定位，定位准确能发挥你的特长。经营自己的长处能使你的人生增值，而经营自己的短处会使你的人生贬值。”如果你到现在还没有给自己准确定位的话，那么你就应该抓紧时间，坐下来分析一下自己，根据自己的特点，寻找真正适合自己的位置。只有坐在适合自己的位置上，你才能得心应手，在人生的舞台上游刃有余。

1929年，乔·吉拉德出生在美国一个贫民家庭。他从懂事起就开始擦皮鞋、做报童，然后又做过洗碗工、送货员、电炉装配工和住宅建筑承包商，等等。35岁以前，他只能算是一个失败者，朋友都弃他而去，他还欠了一身的外债，连妻子、孩子的生活都成了问题，同时他还患有严重的语言缺陷——口吃，换了40多份工作仍然一事无成。为了养家糊口，他开始卖汽车，从此步入了推销员行列。

刚刚接触推销时，他反复对自己说："你认为自己行，就一定行。"他相信自己一定能做得到，以极大的专注和热情投入推销工作中，只要一碰到人，他就把名片递过去，不管是在街上还是在商店里。他抓住一切机会推销他的产品，同时也推销他自己。三年以后，他成为全世界最伟大的销售员。谁能想到，这样一个不被人看好，而且还背了一身债务、几乎走投无路的人，竟然能够在短短的三年内被吉尼斯世界纪录称为"世界上最伟大的销售员"。他至今还保持着销售昂贵产品的空前纪录——平均每天卖6辆汽车！他一直被欧美商界称为"能向任何人推销出任何商品"的传奇人物。

乔·吉拉德做过很多种类工作，屡遭失败。最后，他把自己定位在做一名销售员上，他认为自己更适合、更胜任做这项工作。

可以说，你给自己定位什么，你就是什么，定位能改变人生。

一个乞丐站在一条繁华的大街上卖钥匙链，一名商人路过，向乞丐面前的杯子里投入几枚硬币，匆匆离去。

过了一会儿，商人回来取钥匙链，对乞丐说："对不起，我忘了拿钥匙链，你我毕竟都是商人。"

一晃几年过去了，这位商人参加一次高级酒会，遇见了一位衣冠楚楚的老板向他敬酒致谢，说："我就是当初卖钥匙链的那个乞丐。"这位老板告诉商人，自己生活的改变，得益于商人的那句话。

在商人把乞丐看成商人那一天，乞丐猛然意识到，自己不只是一个乞丐，更重要的是，还是一个商人。于是，他的生活目标发生了很大转变，他开始倒卖一些在市场上受欢迎的小商品，在积累了一些资金后，他买下一家杂货店。由于他善于经营，现在已经是一家超级市场的老板，并且开始考虑开几家连锁店。

这个故事告诉我们：你定位于乞丐，你就是乞丐；你定位于商人，你就是商人，不同的定位成就不同的人生。

可以这么说，如果定位不正确，你的人生就会像失去指南针一样迷茫，有时甚至会发生南辕北辙的事；而准确的人生定位，不但能帮助你找到合适的道路，更能缩短你与成功的距离；而一个高的定位，就像一股强烈的助推力，能帮助你节节攀升，开创更大的人生格局。

成长箴言

世界上没有两片完全相同的树叶，人也一样，每个人都是上帝的宠儿。正确认识自己，既看到自己的长处，也认识到自己的不足，给自己正确定位，这样才能自信地去迎接机遇和挑战，创造更多的成功和欢乐。

给自己一个准确的定位，才能使人生的航船不迷失方向。只有有了正确的人生目标，并充满自信，为之奋斗终生，才能此生无憾，即使不成功，自己也会无怨无悔。

找到自己的比较优势

无可争议，杨澜是当今中国最出色的女性之一。

谈到自己的成功，杨澜认为那是因为她找到了自己的比较优势，然后扬长避短，所以成就了自己。起初，她也不知道自己能做好什么事情，在后来的实践摸索中她逐渐认识了自我。1994年，杨澜离开了《正大综艺》赴美念书，原因很简单，她发现自己并不擅长做综艺节目。她更喜欢读书、喜欢思考，学习能力比较强，于是学成归来后她开始做访谈节目。

作为记者和访谈节目的主持人，杨澜认为自己还有一个比较优势，那就是容易和别人交流。1996年，她在美国与东方卫视合作了一个节目，叫《杨澜视线》，专门介绍百老汇的歌舞剧和美国的一些社会问题。其中有一集是关于肥胖的问题。当时，一位体重在300公斤以上的女士，接受了杨澜的采访。大家可以想象，一般的椅子她坐不下，宽度不够，于是杨澜就去另找椅子，亲自搬过来请她坐下，然后开始与她交谈。访谈结束后，她对杨澜说："我一直不知道中国的记者采访会是什么样，但我很愿意接受你的采访。"杨澜问她为什么，她说："别的记者来采访，都是带着事先准备的题目，在我这儿挖几句话，去填进他们的文章里。而你是真正对我有兴趣的。"这句话给杨澜留下的印象很深。她意识到，不论是在镜头面前，还是在与人交流时，你对对方是否有兴趣，对方是完全可以察觉的。你的一举一动、你的眼神都在建立一个气场，而她恰恰能够建立这样一个良好的气场，因而她觉得自己适合做访谈节目。这就是杨澜对自己的比较优势的挖掘。

杨澜的经历给了我们很大的启示，如果开始的时候，你对自己的定位不准确，那么不管你怎样努力，也很难取得成功。

人与人虽然没有优劣之分，却有很大不同。就拿医学院的学生来说，有的学生，在学校理论学得很好，但手比较笨，所以在临床上就不适合做外科医生；而有的学生理论学得不是很精专，但手很灵巧，所以就可以成为外科的“一把刀”。这就是每个人有不同的比较优势。

其实我们每个人都有自己的比较优势，每个人都有其独特的才干，以及由才干构成的独特优势。成功心理学家发现，目前人类有400多种优势。每个人都应该知道，自己的优势是什么，而后要做的就是扬长避短，在自己的学习生活、工作事业中充分发挥这个优势，这样才容易成功。

当然，你不会一开始就知道自己的比较优势在哪里，只有通过尝试做不同的事情你才会慢慢知道。

那些成功的人并不一定比失败的人聪明，他们可能只是找到了自己的比较优势，然后扬长避短，在自己的学习、生活、事业中充分发挥了这个优势。

我们并不需要在任何一个领域都比别人强，我们所要做的只是找到自己的比较优势，并利用其开展自己的学习、生活。只要找到了自己的比较优势，并且扬长避短，我们就有可能获得成功。

成长箴言

成功学家通过研究发现，人类有400多种优势。这些优势本身的数量并不重要，最重要的是你应该知道自己的优势是什么、劣势是什么，之后要做的则是敢于放弃劣势，将你的生活、工作和事业发展都转向优势，这样你就会容易成功。

所以，每个女孩都应该努力根据自己的特长来设计自己、量力而行。根据自己的环境、条件、才能、素质、兴趣等，确定前进方向。做一个杰出者不仅要善于观察世界，善于观察事物，还要善于观察自己，了解自己。

人生不是漫无目的地散步

杨澜无疑是一个成功人士，她做过综艺节目主持人，做过记者、编辑、制片人，还当过老板，有一次在谈到自己的人生时，她说自己其实也有失败，而自己最终成功，在于摸着石头过河后最终找到了自己最适合做的事，就是定准了位。其实对于我们每个人来说都是这样的，只有准确地定位自己，才能在人生的十字路口作出一个正确的选择。

没有目的，就做不成任何事情；目的渺小，就做不成任何大事。有人活着没有任何目标，他们在世间行走，就像河中的一棵小草，他们不是行走，而是随波逐流。

法国著名的自然学家约翰·亨利·费伯勒，曾用一些被称作“宗教游行毛虫”的小动物做了一次不同寻常的实验。这些毛虫喜欢盲目地追随着前边的一只毛虫，所以得了这个名字。费伯勒很仔细地将它们放在一个花盆外的框架上并排成一圈，这样，领头的毛虫实际上就碰到了最后一只毛虫，完全形成了一个圆圈。在花盆中间，他放上松蜡，这是这种毛虫爱吃的食物。

这些毛虫开始围绕着花盆转圈。它们转了一圈又一圈，一小时又一小时，一天又一天，一晚又一晚。它们围绕着花盆转了整整七天七夜。最后，它们全都因饥饿劳累而死。

一大堆食物就在离它们不到6英寸远的地方，它们却一个个地饿死了。原因很简单，因为它们按照以往习惯的方式去盲目地行动。

费伯勒的笔记本里有这样一句话："在那么多的毛毛虫中，如果有一只与众不同，它就能改变命运，告别死亡。"

哈佛大学有一个非常著名的关于目标对人生影响的跟踪调查。对象是一群智力、学历、环境等条件都差不多的年轻人，当时的情况是：27%的人，没有目标；60%的人，目标模糊；10%的人，有清晰但比较短期的目标；3%的人，有清晰且长期的目标。

25年的跟踪研究结果，他们的生活状况及分布现象十分有意思。

那些占3%者，25年几乎都不曾更改过自己的人生目标。25年来他们都朝着同一个方向不懈地努力，25年后，他们几乎都成了社会各界的顶尖成功人士，他们中不乏白手创业者、行业领袖和社会精英。

那些占10%有清晰短期目标者，大都生活在社会的中上层。他们的共同特点是，那些短期目标不断被达成，生活状态稳步上升，成为各行各业的不可或缺的专业人士，如医生、律师、工程师、高级主管等。

即使是那些看起来很笨的人，也许在某些特定的方面会具有杰出的才能。比如，柯南道尔作为医生并不著名，写小说却名扬天下。我们每个人都有自己的特长，都有自己特定的天赋与素质。认识自己并发现自己的特长和潜能，就如同掌握一门根雕艺术。树根千姿百态，艺术家要善于用树根的天然形状顺势雕刻成各种栩栩如生的形象。人生也与树根一样千差万别。我们都要在人生的坐标中给自己定位，自己喜欢干什么，适合干什么，自己的优势在哪里，这些搞清楚了，你才能走得对，走得顺，走得快，才能走上成功的康庄大道！

……………成长箴言

世界上许多成功人士都是一些资质平平的人，而不是那些才智超群、多才多艺的人。我们常常可以见到一些年轻人取得了远远超过他们实际能力的成就。很多人感到疑惑不解：为什么那些看上去智力不及我们一半，在学校里排名末尾的学生却取得了巨大的成功，在人生的旅途上把我们远远地抛在了后面？出现这种现象的主要原因就是那些看似资质平庸的人能专注于自己的目标，耕耘不辍，最终到达了目的地。而那些所谓智力超群、才华横溢的人却仍在四处涉猎，毫无目标，最终一无所获。

目标一旦确定，绝不可轻易更改，尤其是"终端目标"。可以不断修正的是达到目标的计划，包括达到终端目标之前的各个"路标"——过程目标。记住英国人的一句谚语：目标刻在水泥上，计划写在沙滩上。

挖掘自己的潜能，不断超越

人的潜能是永远挖掘不尽的，就像一座永远也挖不尽的金矿，你可以从这座金矿取得所需的一切东西，如果能唤醒这种潜在的巨大力量，往往会出现奇迹。

每次做节目之前，杨澜都要做很多的准备工作，尤其是人物采访节目，有不少是世界有影响的人物，因此需要读很多相关的书籍。因为如果不读有关的书，连采访的问题都提不出来，有人曾算过一笔账，杨澜一周大约有40万字的阅读量。听到这个数字，我们可能会被吓一跳，在那么短的时间里能读完那么多吗？答案是肯定的，因为人的潜能是无限的。

约翰是音乐系的一名学生，这天，他和往常一样走进了练习室，在钢琴上，摆着一份全新的乐谱。

“超高难度……”他翻着乐谱，喃喃自语，感觉自己对弹奏钢琴的信心似乎跌到了谷底。已经3个月了！自从跟了这位新的指导教授之后，约翰不知道教授为什么要以这种方式整人。他勉强打起精神，开始用自己的十指奋战、奋战、奋战……琴声盖住了教室外面教授走来的脚步声。

指导教授是个极其有名的音乐大师。授课的第一天，他递给约翰一份乐谱。“试试看吧！”他说。乐谱的难度颇高，约翰弹得生涩僵滞、错误百出。“还不成熟，回去好好练习！”教授在下课时，如此叮嘱约翰。

约翰练习了一个星期，第二周上课时正准备让教授验收，没想到教授又给他一份难度更高的乐谱。“试试看吧！”上星期的课教授也没提。约翰再次挣扎于更高难度的技巧挑战。第三周，更难的乐谱又出现了。

这样的情形持续着，约翰每次在课堂上都会为一份新的乐谱所困扰，然后把它带回去练习，接着再回到课堂上，重新面临两倍难度的乐谱，却怎么都赶不上进度，一点也没有因为上周的练习而有驾轻就熟的感觉，约翰感到越来越不安、沮丧和气馁。

像往常一样，教授走进了练习室。约翰再也忍不住了，他必须向钢琴大师提出这3个月来何以不断折磨自己的质疑。教授没开口，他抽出最早的那份乐谱，交给了约翰：“你来弹弹这份乐谱吧！”

不可思议的事情发生了，连约翰自己都惊讶万分，他居然可以将这首曲子弹奏得如此美妙、如此精湛！教授又让约翰试了第二堂课的乐谱，约翰依然有超高水准的表现……演奏结束后，约翰怔怔地望着老师，说不出话来。

“如果我不这样训练你，可能你现在还在练习最早的那份乐谱，也就不会有现在这样的程度……”教授缓缓地说。

挑战自己，是对自身潜能的一种激发。人往往习惯于表现自己所熟悉、所擅长的部分。但如果你愿意回首就会恍然大悟：从前看似紧锣密鼓的挑战、永无休止的压力，却在不知不觉间练就了今日的高超技艺。

我们每个人都蕴藏着巨大的潜在力量，等待着我们去发现、去认识、去开发。这种力量一旦被激发，将带给你无穷的信心能量。

美国学者詹姆斯根据他的研究成果说："普通人只开发了他蕴藏能力的1/10。与应当取得的成就相比较，我们不过是在沉睡。我们只利用了我们身心资源的很小的一部分，甚至可以说一直在荒废。"没有人知道自己到底具有多大的潜能，因而没有人知道自己会有多么伟大，所以我们应该找寻内心真实的自我，激发自己无穷的潜能。

在每个人的身体里面，都潜藏着巨大的能量。只要你能够发现并加以利用这种力量，便可以实现你的理想。

成长箴言

成功学导师爱默生说："相信自己能，便会攻无不克……不能超越一个恐惧，便从未学会生命的第一课。人生在世，要与无数的"不可能"遭遇。若一味胆怯、退缩，你就永远无法战胜"不可能"。

人的潜能是永远挖掘不尽的，这个世界没有什么不可能，只要我们敢想、敢去闯，只要我们有智慧、有毅力，有让人敬重的品质，那些令人望而生畏的"不可能"就会被我们彻底征服。开发自己的潜能吧，这会让你受用不尽。

Lesson 6

抓住机遇的翅膀，成功不是等来的

成功需要机遇，我们每个人都在等待机遇的来临。其实机遇就在你身边，但它不是打扮得花枝招展，而是普普通通的，有时根本就不起眼，就看你是不是具有一双慧眼，会不会抓住它、利用它。“谁不坐等机遇的馈赠，谁便征服了命运。”

一次幸运不可能带来一辈子的好运

在很多人眼里，杨澜无疑是幸运的。事业、名利、家庭，她拥有了许多女人梦寐以求的一切，在30多岁时就已经开创了成功的人生。从学校一毕业就走进了中央电视台，走进《正大综艺》，短短4年就获得了全国主持人“金话筒”的奖项，连杨澜自己都说“我是幸运的”，但杨澜的成功仅仅是靠好运气吗？一个长相并不能算做特别出众的女孩从1000多个候选人当中脱颖而出成为《正大综艺》的主持人，我们能说这仅仅是运气吗？她的优秀直到现在仍然让许多制片人和导演感慨地说：“很难找到第二个杨澜。”而杨澜自己总结这些年的经历告诉我们：“一次幸运并不可能带给一个人一辈子的好运，人生还需要你自己来规划。”

一个只会幻想美好未来却从不积极去为之做准备的人，即使幸运来到身边，也只能眼睁睁地看着它溜走。正如我们常常听到的那句“机遇偏爱有准备的头脑”。

有一位名叫莱温的美国女孩，她的父亲是芝加哥有名的牙科医生，母亲在一家声誉很高的大学担任教授。她的家庭对她有很大的帮助和支持，她完全有机会实现自己的理想。她从念中学的时候起，就一直梦想当电视节目主持人。她觉得自己具有这方面的天赋，因为每当她和别人相处时，即使是生人也都愿意亲近她并和她长谈。

但是，她为这个理想什么也没有做。她在等待奇迹出现，希望一下子就当上电视节目主持人。莱温不切实际地期待着，结果什么奇迹也没有出现。

另一个名叫露丝的女孩却实现了莱温的理想，成了著名的电视节目主持人。露丝之所以会成功，就是因为她知道“天下没有免费的午餐”，一切成功都要靠自己的努力去争取。她不像莱温那样有可靠的经济来源，所以没有白白地等待机会出现。她白天去打工，晚上在大学的舞台艺术系上夜校。毕业之后，她开始谋职，跑遍了芝加哥每一个广播电台和电视台。但是，每个经理对她的答复都差不多：“不是已经有几年经验的人，我们一般不会雇用的。”露丝没有退缩，也没有等待机会，而是继续走出去寻找机会。她一连几个月仔细阅读广播电视方面的杂志，最后终于看到一则招聘广告：北达科他州有一家很小的电视台招聘一名预报天气的女孩子。

露丝在那里工作了两年，之后又在洛杉矶的电视台找到了一个工作。又过了5年，她终于成为她梦想已久的节目主持人。

在我们看来露丝是比莱温幸运的，因为她实现了自己的理想。但露丝之所以有这样的幸运是因为她积极地采取了行动，为实现自己的理想做好了充足的准备。生活中我们也常常能听到有的人说：“我这么聪明，将来准是做大事的，你们就等着吧，等我有钱了，请你们吃满汉全席，再给你们一人买一辆飞机！”言语之间，踌躇满志，仿佛自己已经功成名就。当别人问他凭什么就能做大事的时候，他会振振有词地说："知识就是力量，智慧就是财富，我两样都有，我不成功谁成功！"可是若干年后，他还是老样子，没有半点成功的迹象。

所以成功不在于事情的难易，而在于"谁真正去做了"。如果你有想法就要赶紧去做，当你做好了充足的准备，幸运之神下一次光顾的对象就是你。

成长箴言

美国百货业巨子约翰·甘布士说："不要放弃任何一个哪怕只有万分之一的可能的机会。"在追求成功的旅程中，有时稍一疏忽，就地观望，裹足不前，就有可能与机遇失之交臂。

机遇，来去匆匆，瞬息而过。不失时机地、准确地把握机遇，对我们至关重要。把握住机遇的关键是要思维敏捷、及时捕捉，莫让它轻易溜走，以致一失"机"成千古恨。

机会对人人都是公平的，但它如闪电、如火花，稍纵即逝。我们要时刻擦亮眸子，准备好牢牢抓住它。

机会来了就开门

"1993年的时候，谢国民先生到大陆来，我们一起吃饭，他对我说，杨澜我觉得你应该到国外去学习，我觉得你是一个很有潜力的主持人。我当时没有认真，我开玩笑说，谢先生，我去留学的话，《正大综艺》岂不是没有主持人了？他很认真地回答我说：'我觉得一个节目没有一个人重要。'给我的印象非常深刻。我说谢先生您需要我们怎么回报您呢？是不是回来为您工作？他说没有，你也不是我第一个赞助去留学的年轻人，我希望你有好的前途，这就是你对我的回报。我非常感谢他，他也改变了我的命运。”

这是杨澜的散文集《凭海临风》中的一段话，有人总结说，这是杨澜遇到的第二次机遇。的确，如果没有这次机遇，杨澜的人生或许是另外一副模样。

成功需要机遇，我们每个人都在等待机遇的来临。但机遇不是一个温文尔雅的来客，它并不会打着白领带、穿着燕尾服、头顶高帽来登门拜访你。机遇是个顽皮的孩子，总喜欢戴着面具跟人捉迷藏。但它对任何人都是公正的。它能悄悄地来到所有人的身边。有的人眼疾手快，将机遇迎来做客；有的人却麻木呆滞，使身边的机遇逃之夭夭。要迎接机遇这位不速之客，还需要你擦亮眼睛，开动脑筋。

英国皇家学会要为大名鼎鼎的琼斯教授选拔科研助手，这个消息让年轻的法拉第激动不已，但同时也使他陷入了矛盾当中。因为这是他梦寐以求的工作，但他只是个装订工人，想要到皇家学院似乎有点痴人说梦。经过一番思索后，法拉第还是不愿意放过这次机会，报了名决定要试一试。但临近选拔考试的前一天，法拉第却被意外地告知，取消他的考试资格，因为他是一个普通工人。

法拉第愣了，他气愤地赶到选拔委员会去理论，但委员们傲慢地嘲笑说：“没有办法，一个普通的装订工人想到皇家学院来，除非你能得到琼斯教授的同意！”法拉第犹豫了。如果不能见到琼斯教授，自己就没有机会参加选拔考试。但一个普通工人要想拜见大名鼎鼎的皇家学院教授，他会理睬吗?

法拉第顾虑重重，但为了自己的人生梦想，他还是鼓足了勇气站到了琼斯教授家的大门口。教授家的门紧闭着，法拉第在门前徘徊了很久。

终于，教授家的大门，被一颗胆怯的心叩响了。院里没有声响，当法拉第准备第二次叩门的时候，门却“吱呀”一声开了。一位面色红润、须发皆白、精神矍铄的老者正注视着法拉第，“门没有锁，请你进来。”老者微笑着对法拉第说。

“教授家的大门整天都不锁吗?”法拉第疑惑地问。

“干吗要锁上呢?”老者笑着说，“当你把别人关在门外的时候，也就把自己关在了屋里。我才不当这样的傻瓜呢。”这位老者就是琼斯教授。他将法拉第带到屋里坐下，聆听了这个年轻人的叙说后，写了一张纸条递给法拉第：“年轻人，你带着这张纸条去，告诉委员会的那帮人说我已经同意了。”

经过严格而激烈的选拔考试，书籍装订工法拉第出人意料地成了琼斯教授的科研助手，走进了英国皇家学院那高贵而华美的大门。

从法拉第的经历中，我们可以看出机遇对于一个人的成功来说有着多么巨大的意义。如果法拉第没有把握住这些机遇，他就可能不会取得巨大的成就。所以，我们在生活中，一定要学习法拉第这种主动寻找机遇、把握机遇的能力，在机遇面前主动出击，我们才能争取到成功的机会，这是一条亘古不变的道理。

在成功的道路上，有的人不喜欢尝试，不愿走崎岖的小道，遇到艰辛或绕道而行，或望而却步，他们常与机遇无缘。而另一些人，总是很有耐性，尝试着解决难题。不怕吃千般苦，历万道险，结果恰恰是他们能抓住“千呼万唤始出来”的机遇。

有人说：“机遇可遇而不可求。”其实，机遇的产生也有其内在规律。如果你有足够的勇气，睿智的头脑，敏锐的观察力、判断力，就能一眼看准机遇并把它牢牢抓住。女孩们，让我们也学会把握机遇吧，只有学会把握机遇，我们才能取得成功。

……………成长箴言

机遇，对于人的成功，起着重要的作用。在科学研究领域中，它能导致重大的发现，所以，我们要善于利用时机，并高举双臂抓住叩响成功之门的机遇，用行动实现目标。

机遇好像节日燃放的烟火，只有当你善于发现它，用行动适时地点燃它，才会使你的智慧爆发出千姿百态的光华。

机遇往往就在你的身边，因此，我们要学会善待机遇，用行动抓住机遇。

为机遇，随时作好准备

杨澜曾经这样说过："人一辈子总是要做一点自己的事，有的时候可以拉开很长的时间做，有的时间你只能强度很大地做很多的事。这是你自己无法选择的，如果机会来了，你没有把握住它，懒懒散散，那么过去就过去了，年轻时该拼一下就要拼一下。"如果有人错过机遇，多半不是机遇没有到来，而是机遇到来时，没有伸手去抓住它。

这个世界不缺乏机遇，缺少的是抓住机遇的手。这个世界不乏有才华、有能力的人，但为什么成功的总是少数人？原因在于，成功的人有了想法就积极主动地去做，哪怕是失败了也不失掉尝试的勇气，而不成功的人，即使才能再大，也总是光说不做，只会在犹豫、顾虑或懒散中与机遇失之交臂。

一天，一位贵族的府邸正要举行一个盛大的宴会，主人邀请了一大批客人。就在宴会开始的前夕，负责餐桌布置的点心制作人员派人来对管家说，他设计用来摆放在桌子上的那件大型甜点饰品不小心被弄坏了，管家急得团团转。

这时，一个干粗活的孩子走到管家的面前怯生生地说道："如果您能让我来试一试的话，我想我能造另外一件来顶替。”

“小家伙，你真的能做吗？”管家将信将疑地问道。

“如果您允许我试一试的话，我可以造一件东西摆放在餐桌中央。”小孩子开始显得镇定一些。

仆人们这时都显得手足无措了。于是，管家答应让他去试试。管家站在一旁紧紧地盯着这个孩子，注视着他的一举一动，看他到底怎么办。这个厨房的小帮工不慌不忙地要人端来了一些黄油。不一会儿工夫，不起眼的黄油在他的手中变成了一只蹲着的巨狮。管家喜出望外，惊讶地张大了嘴巴，连忙派人把这个黄油塑成的狮子摆到了桌子上。

晚宴开始了。客人们陆续地被引到餐厅里来。这些客人当中，有最著名的实业家，有高贵的王子，有傲慢的王公贵族，还有眼光挑剔的专业艺术评论家。但当客人们一眼望见餐桌上卧着的黄油狮子时，都不禁交口称赞起来，都认为这真是一件天才的作品。他们在狮子面前不忍离去，甚至忘了自己来此的真正目的。结果，这个宴会变成了对黄油狮子的鉴赏会。客人们仔细欣赏着，不断地问主人，究竟是哪一位伟大的雕塑家竟然肯将自己天才的技艺浪费在这样一种很快就会融化的东西上。主人也愣住了，他立即喊管家过来问话，于是管家就把那个孩子带到了客人们的面前。

当这些尊贵的客人得知，面前这个精美绝伦的黄油狮子竟然是这个小孩仓促间做成的作品时，都不禁大为惊讶，整个宴会立刻变成了对这个小孩的赞美会。富有的主人当即宣布，将由他出资给小孩请最好的老师，让他的天赋充分地发挥出来。

事后主人没有食言，请了老师教他，孩子没有被眼前的宠幸冲昏头脑，他依旧是一个淳朴、热情而又诚实的孩子。他孜孜不倦地刻苦努力着，希望自己成为一名优秀的雕刻家。

许多年后，这个孩子终于成了世界上最伟大的雕刻家之一。

有许多人终其一生，都在等待一个足以令他们成功的机遇。而事实上，机遇无所不在，重点在于当机遇出现时，你是否已经准备好了。

我们耗去了过往的时光，却等不到机会的出现。从今天起，在等候的同时，我们可以开始作好准备，让自己保持在最佳状态，以便机遇出现时，可以紧紧抓住它，不让它溜过。

从现在开始，请你作好准备，让自己随时可以掌握住任何成功的绝佳机会。与此同时，你将发现，由于你不断地用心准备，自己所获得的成长竟是如此之大。此刻的你，已然脱胎换骨，不再是昔日那个愿意终其一生等候的人了。

成长箴言

幸福和成功没有彩排的机会，坐失良机本身就意味着将本该属于自己的东西拱手送给他人。所谓“时势造英雄”、“应运而生”，无论是“势”还是“运”，都是机遇的另一种符号。一个明智的人总能抓牢转瞬即逝的机遇，把它变成幸福的筹码。

机遇只偏爱有准备的人。一个人不论干什么事，失掉恰当的时节、有利的时机就会前功尽弃。

Chapter 3

成长是一步步接近梦想

Lesson 7

积极进取，下一次会更好

积极进取，既是一个人对生活的态度，体现了人乐观向上、不断追求的精神，也是时代的要求。我们只有学会进取，才能不断地超越自我，才能努力拼搏去实现自己的理想，才能不在复杂的社会中迷失前进的方向！

居安思危，随时准备迎接挑战

1990年，22岁的杨澜从北京外国语学院毕业后，很幸运地走进了中央电视台，开始了自己的主持人生涯。在主持《正大综艺》节目的4年里，杨澜凭借着自身的优秀和努力，很快赢得了广大观众的喜爱。

一时间，在国内的电视圈里，杨澜成为一种新形式主持风格的象征和代名词。1994年，杨澜不负众望，在第一届全国主持人评比中，一路“过五关斩六将”，当仁不让地摘取了中国主持人最高奖项——“金话筒”奖。就在事业如日中天之时，杨澜却做出了离开《正大综艺》，远赴美国留学的决定。这一决定令许多人大跌眼镜，要知道杨澜此时正是人们谈论的焦点人物。这个时候的离开无疑就是给自己的现在画上句号，也意味着，杨澜留学归来后，一切都需要重新开始。

这并不是心血来潮的一时冲动。在不断被媒体追问的过程中，杨澜道出了急流勇退的前因后果："选择离开是因为命运不在自己的掌握中。从那一刻起，我就觉得自己首先得站稳脚跟，不要沉迷在鲜花和掌声中，去寻找成长，去读书。年轻的时候不去搏一搏，什么时候还有机会？"

杨澜还说了一件促使她下定决心的小事：

"有一年春节晚会，共有6名主持，多遍彩排之后，有一位主持，导演组突然决定不用了，却没人去通知她。那一天，那位主持兴冲冲地拿着礼服到化妆间，化妆师说没她的名字，结果那位主持黯然神伤地走了。我当时坐在一旁，那一刻我似乎看到了自己未来的影子。我当时心想：今天，如果没有机遇和环境的平台，有多少成功算是你努力的结果？"

这件事情给了杨澜很深的感悟，原来，这个世界充满了变数，今天你拥有鲜花和掌声，但这些不一定能永远追随你。

事实证明杨澜当初的选择是正确的，成长后的杨澜更适应了社会发展的需要，以全新的形象，再次掀起了一场全新视角的"杨澜风暴"。

我们也应该像杨澜一样有"居安思危"的意识。今天的我们生活在爸爸、妈妈、爷爷、奶奶的呵护之下，他们为我们提供了一切，但是你想过没有，终有一天你会离开他们，要独自生活，你能独自面对以后生活中遇到的各种困难吗？

有一只小鸟儿很羡慕游手好闲、养尊处优的家鸡。"为什么我每天都要在天空中飞翔，只有筋疲力尽的时候才能落在枝头上休息一会儿，而那群家鸡却什么也不用做，只要每天吃虫和睡觉，无忧无虑的，多好啊！"于是，有一天它自动放弃飞翔，加入家鸡的行列。

它原本是一只能够飞得很高很高、唱得很美很美的鸟儿。但为了博得家鸡们的好感，它不得不深藏起自己的本领。即使偶尔"飞翔"，也只是像家鸡一样拖着翅膀贴着地面瞎扑腾；而当歌唱时，也是像家鸡一样拿捏着嗓子喔喔乱叫。久而久之，它也就忘记了自己的飞翔和歌唱本领，变成了一只地地道道的家鸡。

有一天，鸟儿所在的家鸡群碰到了一只凶恶的狐狸。所有的家鸡四散逃窜，但这是徒劳的，没有一只鸡能够逃出狐狸的利爪。在生死存亡关头，鸟儿想到了以前飞翔的能力，可这时它却无论如何也不能像过去那样利箭似的冲上蓝天，只是掠出去不过一丈远，便像块石头一样重重地摔在地上。狐狸一脸狞笑，一步步走向受伤的鸟儿……

当被狐狸咬断脖子时，鸟儿悔恨交加地说："我真不该为了贪图一时的安逸而放弃自由的飞翔啊！"

贪图安逸的小鸟最终在悠闲的日子里丧失了飞翔的能力，直到被狐狸抓住的那一刻，才深深悔悟安逸带来的危害。可又有什么用呢，自己已是狐狸的囊中之物。相信如果再给小鸟一次机会，它绝不会放弃自由的飞翔而贪恋家鸡的养尊处优。

自古以来人们就懂得一个"居安思危"的道理，一个人如果沉迷于安逸中，就会缺少危机意识，就不容易进步，很容易被他人、被社会淘汰。当他面对逆境时，也无法摆脱逆境的困扰，终究会在逆境中灭亡。

现实生活中，人总是害怕辛苦而主动放弃了奋斗。当外界的环境安逸的时候，就会放松警惕，而只是享受懒散的生活；人生的竞争是激烈并且残酷的，一旦环境发生变化，只有那些有准备的人才能获得生存的机会。所以，请不要让安逸蒙蔽你的双眼，打起十二分精神努力拼搏，些许风雨有助于飞得更高，学到更多本领。

…………成长箴言

古希腊的一位哲学家说过："人的一半是在危机中度过的。"孟子也曾经这样说："天将降大任于斯人也，必先苦其心志，劳其筋骨，饿其体肤，空乏其身，行拂乱其所为，所以动心忍性，增益其所不能。"自古以来，人们就懂得"居安思危"的道理。安逸舒适是每个人所追求的生活目标，但一个人如果缺乏危机意识，过于安逸舒适可能使人缺乏斗志进而举步维艰，不能适应环境的改变，赶不上时代的脚步，也就会被社会所淘汰。

改变是从无数个选择开始的

《正大综艺》的4年造就了杨澜，盛名之下的她放下"金话筒"出国留学震惊了很多人。学成归国后，杨澜在传媒领域里作出了更为突出的成就。对于这次选择她说："逆境每个人都会经过，我也绝不会比别人少。不管是得意的时候还是悲观的时候，都要了解自己最需要什么，如果对自己想要的东西比较明确的话，就知道如果你放弃的话，自己也会不开心的。做自己想做的事，对于成功和失败可以看淡一点。我相信每一个人都会有挣扎的感觉，不在于他最后的成就。"

生活中总是充满了选择，我们经常不知不觉地走到人生的"十字路口"，何去何从，选择权在自己手上，而一次次的选择决定了我们今天的社会位置和人生状况。有时候，放弃也是一种美丽。有时候，选择就是另一种放弃，有时候，放弃就是最好的选择。

一取一舍，取舍之间自有人生的大智慧。杨澜在她的散文集《凭海临风》里就曾经这样写道："一个人选择的时候，只能服从你自己心里想的事情，你对一个环境有不满意的地方，希望有突破，那一定是你内心有这样的需要，那就按照你的心告诉你的那样去做，这是对自己负责任的事，你没有办法保证结果。就像我今天没有办法保证我

40岁、50岁的时候是什么样。也许有人会说，杨澜并不成功，那也没关系，我仍然相信我的选择是对的，因为我选择的是我喜欢做的事。”

人生就是一个选择的过程。并不是付出就能有回报，关键在于你选择了什么。选择什么，你就会得到什么，但是如果你什么都想选择，那么什么都不会得到。

人生需要选择，也需要放弃，选择与放弃是获得成功的两个不可缺少的条件。

著名的哲学家苏格拉底娶了一个非常凶悍的妻子。

有一天，一名学生来向他请教说：“老师，我打心眼里想要成家，但实不相瞒，看到您的处境，我实在没有足够的勇气结婚，您说这该怎么办呢？”

苏格拉底说：“无论你是想结婚还是抱独身主义观点都无所谓，只要是选择自己所喜欢的路去走就对了。”

学生听了老师的话后满意地点点头，正要转身离开的时候，又听到苏格拉底从背后传来一句：“反正不管走哪条路，到最后都不要后悔。”这个学生一听立即又转身回来，不解地问道：“老师！究竟是结婚好，还是不结婚好？因为我实在弄不懂您刚才所说的话。”

苏格拉底神色自若地说：“结婚是绝对必要的，假使你娶到贤妻会得到幸福，如果不幸讨到一个恶婆娘，则可以成为一位哲学家。”

人的一生就是一个选择的过程，面对每一次选择我们都该认真去做，而选择过后，绝不要后悔，即使选择的后果不尽如人意，你也要从另一个角度去看待，发现它的妙处。

人生中，左右为难的情形会时常出现：比如面对两份同具诱惑力的工作，两个同具诱惑力的追求者。为了得到这“一半”，你必须放弃另外“一半”。若过多地权衡，患得患失，到头来将两手空空、一无所得。我们不必为此感到悲伤，能抓住人生“一半”的美好已经是很不容易的事情。有些选项看似诱人，但如果不适合自己，那就要果断舍弃。做出什么样的选择，要视自身条件和具体情况而定，要有主见，不能人云亦云。

人生的大多数时候，无论我们怎样审慎地选择，终归都不会是尽善尽美，总会留有缺憾。但缺憾本身也是一种美。社会大舞台上，每个人都是自己生活和生存方式的编导兼演员。只有学会正确地进行选择，有所为，有所不为，才能演绎出精彩的人生喜剧。

在人生的每一次关键时刻，审慎地运用你的智慧，做最正确的判断，选择属于你的正确方向。面对选择，不妨多听听自己内心的声音，做自己真正想做的事，这样无论结果如何，我们的人生都不会觉得遗憾和悔恨。学会选择，懂得放弃，才能更好地把握快乐、享受幸福。

…………成长箴言

人生如演戏，每个人都是自己的导演，只有学会选择和懂得放弃的人才能创作出精彩的电影，拥有海阔天空的人生境界。

人生是一个选择的过程，在选择一个机会的同时你也放弃了另外一个机会，所以选择时要慎重。放弃又是一种智慧，只有放弃了一个，才能集中更大的力量向另一个目标前进。可是如果什么都舍不得放弃，也就不会有所收获了。

积极进取，下一次会更好

我们常说：世界上唯一不变的就是改变。这个世界处在不断地变化中，变是绝对的，不变只是相对的。只有承认改变，接受改变，把握改变，我们才能不断取得进步，突破自我，跟上时代改变的脚步。

杨澜如果安于《正大综艺》的成功，而不在变化中寻求更大的进步，或许她还在那一个小小的平台上，至少不会有今天的精彩。

严冬过后的第一个春暖之日，老鹰翱翔于天空。经过一个山区时，它看到一只鸡妈妈正领着自己的孩子们悠闲地晒太阳，于是飞了过去，落在最近的一个枝头上，问道："鸡妈妈，你也有翅膀，为什么不能像你的祖先一样在天上飞呢？天上很快乐！"

"哦！谢谢你！"鸡妈妈转身看着自己的孩子们，对老鹰说，"你看，我有这么多的孩子需要看护，我没时间呀！等它们长大了让它们飞吧。唉！我这辈子是没指望了！"

老鹰只好飞走了。

第二年的春天，老鹰再次飞过山区时，看见一只大花鸡带领着它的孩子们在散步，那只大花鸡就是去年老鹰见到的鸡妈妈的一个女儿，现在它长大了，更健壮，更丰满。

老鹰飞到它的身边问道："大花鸡，你也有翅膀，为什么不能像你的祖先一样在天上飞呢？天上很快乐！"

"谢谢你！"大花鸡答道，"你看，我已经老了，飞不动了，还是等我的孩子们长大以后让它们飞吧！唉！我这辈子是没指望了！"

老鹰只好飞走了。

第三年，老鹰经过山区时，依旧看见一只鸡妈妈带领自己的孩子在山坡上觅食，但它这次没有下去劝它。

上帝给了鸡和老鹰同样的翅膀，让它们享受天空。然而，鸡只知就近觅食，目光仅仅满足于眼前的地面，将搏击长空的美丽翅膀退化为一种装饰物。世界上有很多人一辈子一事无成，原因就是他们太容易满足了！取得了一点成绩后就沾沾自喜，不再进取。

"不满足是上进的车轮。"这是鲁迅讲的，这句话富含哲理。

球王贝利不知踢进过多少个好球。他那超凡的球技不仅令千千万万的球迷心醉，而且常常使场上的对手拍手叫绝。有人问贝利："你哪个球踢得最好？"

贝利回答说："下一个。"

当球王贝利创造进球满一千的纪录后，有人问他："你对这些球中的哪一个最满意？"

贝利意味深长地回答说："第一千零一个。"

贝利的回答确实发人深省。有人认为这体现了他的谦逊态度，然而，更为重要的是反映出他的不满足精神。贝利是清醒的，他没有满足今天的"这一个"，而把最好的一个球锁定在永无止境的"下一个"中。

法国哲学家笛卡儿说过，越学习越发现自己无知。这是因为一个人的知识越丰富，他接触的未知领域就越广阔，疑问也就越多，需要学习的东西也就越多。所以，尽管他的知识是那样的博大精深，然而他还是学而不厌。

我们知道，大千世界的种种事物都是在不断发展和变化着的，它们不是静止不动，而是永远向前迈进的。"人生也有涯，而知也无涯"，就是这个道理。现在，我们正处在一个承上启下的"知识爆炸"的时代，科学正在一日千里地飞速发展，如果我们不随时感到不满足，不用新的知识来充实自己，那么，即使今天你是个知识渊博的人，明天也会喟叹自己无知，就会发出感慨："强中还有强中手，天外更有天外天。"因此，马克思宁肯把自己的手稿烧掉，也不愿意把未经仔细加工的著作遗留于身后。

在人类社会发展史上，"不满足"就像一级级阶梯，只有永不满足，人类才能从低级走向高级，才能从原始社会山洞草棚为居、树叶兽皮为衣的艰难困苦中摆脱出来，才能从过去的石质工具发展到今天的电子技术、太空航空。假如人类在发展中的某一阶段满足了，那么，现在只能同原始人一样群居于原始森林里，人类能摆脱黑暗与寒冷而进入光明与温暖的今天吗？假如人类满足于今天，我们还能进入共产主义吗？

在科学史上，从亚里士多德的运动观到伽利略的自由落体运动理论，从牛顿的万有引力定律到现代的爱因斯坦的相对论学说，“不满足”就像一块块里程碑。发展中的科学是从一个不满足到另一个不满足而进行的一个个新的突破，正如一个科学家所说：“任何容器都装得满，唯有知识的容器大无边。”

“海阔凭鱼跃，天高任鸟飞。”保持这种永不满足的精神吧，女孩们！永远不要放松自己前进的步伐，没有最好，只有更好，我们的目标永远是“下一个”！

成长箴言

“没有最好，只有更好。”这是一句值得每个人铭记一生的格言。有无数人因为养成了随意、马虎的习惯，以及对生活敷衍了事、糊弄的态度，终其一生都默默无闻。细想一下，你的内心也应该有所触动吧！

只要你相信你可以做得更好，你就一定能做到，关键在于，你一定要改变态度！

给自己一点勇气和毅力

希拉里给人的印象一直是干练的女强人形象。在希拉里的心中，谁又是“完美女人”呢？杨澜揭开了谜底，希拉里表示她最欣赏前任总统罗斯福的夫人埃莉诺，埃莉诺有一句名言：“女人就像一个茶包，只有放进热水里，你才知道她有多厉害。”

杨澜说，在与希拉里简短的采访中，她能强烈地感受到希拉里灿烂笑容背后不断追求卓越的勇气和坚忍。杨澜认为，希拉里的魅力在于，她不仅有勇气接受挑战，同时也有勇气接受失败。杨澜说，希拉里竞选总统候选人失利时所做的演讲最打动她。面对失利，希拉里仍旧表现出积极的态度和强大的工作热情，并且在演讲中鼓励女性去争取更大的成就，希拉里说，“作为一个女性参选人，大家觉得这很了不起。但如果有了我这第一次，以后人们认为女性参选不是什么了不起的事情。我觉得这才是我做的了不起的事情”。

希拉里的坚忍和勇气给杨澜留下了深刻的印象，其实杨澜自己身上也具有这两样品质。离开央视求学，这些年一直坚持将自己定位为一个“传媒人”，这些都是这两样品质的体现。

一天，上帝说，如果哪个泥人能够走过他指定的河流，他就会赐给这个泥人一颗永不消逝的金子般的心。

这道旨意下达之后，泥人们久久都没有回应。不知道过了多久，终于有一个小泥人站了出来，说他想过河。

“泥人怎么可能过河呢？你不要做梦了。”

“你知道肉体一点儿一点儿失去时的感觉吗？”

“你将会成为鱼虾的美味，连一根头发都不会留下……”

然而，小泥人决意要过河。他不想一辈子做小泥人。他想拥有自己的天堂。但是，他也知道，要到天堂，得先过地狱。

而小泥人的地狱，就是他将要去经历的河流。

小泥人来到了河边。犹豫了片刻，便将双脚踏进了水中。一种撕心裂肺的痛楚顿时蔓延全身。他感到自己的脚飞快地溶化着。

“快回去吧，不然你会毁灭的！”河水咆哮着说。

小泥人没有回答，只是沉默地往前挪动，一步一步……这一刻，他忽然明白，他的选择使他连后悔的资格都没有了。如果倒退上岸，他就是一个残缺的泥人；在水中迟疑，只能加快自己的毁灭。而上帝给他的承诺，是那么遥不可及。

小泥人孤独而倔犟地走着。这条河真宽啊，仿佛耗尽一生也走不到尽头似的。小泥人向对岸望去，看见了美丽的鲜花、碧绿的草地和快乐飞翔着的小鸟。也许那就是天堂的生活。可是他付出一切也几乎不能抵达。上帝没有赐给他出生在天堂当花草的机会，也没有赐给他一双当小鸟的翅膀。但是，这能够埋怨上帝吗？上帝允许他做泥人，而他自己却放弃了安稳的生活。

小泥人以一种几乎不可能的方式向前挪动着，一厘米，一厘米……鱼虾贪婪地啄着他的身体，松软的泥沙使他每一瞬间都可能倒下，无数次，他都被波浪呛得几乎窒息。小泥人真想躺下来休息一会儿。可他知道，一旦躺下他就会永远安眠，连痛苦的机会也没有了。他只能忍受，忍受，再忍受。奇妙的是，每当小泥人觉得自己就要死去的时候，总有什么东西使他能够坚持到下一刻。

不知道过了多久，小泥人突然发现，自己居然上岸了。他如释重负，欣喜若狂，正想往草坪上走，又怕自己身上的泥土玷污了天堂的洁净。他低下头，开始打量自己，却惊奇地发现，他已经什么都没有了——除了一颗金子般的心，而他的眼睛，正长在他的心上。

他终于明白了：天堂里从来就没有什么幸运的事情。花草的种子先要穿越沉重黑暗的泥土才能在阳光下发芽微笑，小鸟要失去无数根羽毛才能够锤炼出凌空的翅膀。而作为一个小小的泥人，自己只有以一种奇迹般的勇气和毅力，才能够让生命的激流荡清灵魂的浊物，然后，获得那颗金子般的心。

一个没有勇气的人，一定不会取得任何成就。有时候，你一定要鼓足勇气，做一个“敢做”的人。

任何时候，都不要失去勇气，即使一件事你没有十足的把握，也要把勇气放在心头。一个有勇气的人，有时比一个能工巧匠更能获得成功。

那么，怎样才能拥用赢得成功的勇气呢?

希华·莱得是英国知名作家兼战地记者，第二次世界大战结束后，他接了一个每天写一个广告的差事。出于信任，广告商并没有跟他签订合同，也没有明确一共需写多少个广告剧本。心无旁骛的莱得不停地写着，结果连续完成2000个广告剧本。他在事后很有感慨地说："如果当初签的是一张写2000个剧本的合同，我一定会被这个数目吓倒，甚至把它推辞掉。"

迈出一步、写一部剧本需要的勇气并没有多大，只要把最初的那一点微不足道的勇气坚持到底，就创造了奇迹。

成长箴言

萧伯纳曾说过："人生最大的感叹是：年轻的激情从未实现；年老的追忆从没发生。勇气是青年人漂亮的装饰。假若人生下来就是中年，然后再渐渐年轻起来，那样，他就会珍惜一切时光，绝不会在无谓的事情上消耗自己。夜晚给老年人带来平静，风华正茂给青年人带来希望。"

成功的人天天在做事，失败的人天天在想事。成功的人天天在做同一件事情，失败的人天天做不同的事情。成功首先要让自己有生命力。成功不受知识和年龄的限制，但受到勇气与耐心的约束。

勇气是不朽的力量，因此也就可以使你不朽。你如果有了勇气，则可以为所欲为。有识无胆者，其智慧是结不出果子的。

Lesson 8

青春意味着为理想而奋斗

青春是绚丽的朝霞，在斑斓中飞扬；青春是烂漫的百花，在斗妍中绽放。过去的价值在现实中流淌，未来的图景也将孕育在现实中，我们要描绘出与我们青春相称的希望和梦想，用努力和拼搏去诚实地度过实实在在的人生，用眼泪和汗水去浇灌那春意盎然的青春。

踏踏实实的努力才是成功的捷径

1998年，杨澜加盟香港凤凰卫视中文台，开创名人访谈类节目《杨澜工作室》，推出了一系列高水准的人物专访纪录片，让国内观众在电视文化的海洋里，再次享受到杨澜带来的艺术审美快感。因为凤凰卫视，因为全新的视角，以前收看《正大综艺》的海外华人也开始再次关注她，并关注着杨澜带来的电视文化。杨澜又一次取得了巨大的成功。

在凤凰卫视大家都知道这样一句话，“凤凰卫视是一个把女人当男人使唤，把男人当牲口使唤的地方”，这里除了工作还是工作，是个不折不扣的“魔鬼精英训练营”。在凤凰卫视的这段时期，杨澜也同样承受着巨大的工作压力，一人撑起了《百年叱咤风云录》和《杨澜工作室》。

在《百年叱咤风云录》这个节目中，杨澜担任主持人，以一种新颖独到的电视手法，引领观众进入过去的时光，对20世纪的历史做了精彩的回顾，再现了影响历史进程的人和事，用一种抒情的电视手法展开了一幕拉近历史、转换空间、定格时间的纪录大片。《百年叱咤风云录》的制作与播出也让杨澜在走近百年历史人物的过程中对于电视手法的运用更加纯熟。这一时期，杨澜在喜欢她的电视观众眼里，几乎就是电视艺术手法里的一个专用名词。

相对来讲，《杨澜工作室》这个栏目带给杨澜更大的压力，这是一个带冠名的节目，采访的又都是世界名人，每一期节目从选题、策划、提纲、编辑到串联，杨澜都不敢掉以轻心，每个环节都要亲自过问。辛勤的努力也换来了丰厚的回报，这个节目取得了辉煌的成绩，杨澜自己也得到了很大的提升，把以前学到的知识和平时的积累，在这里做了一个融会贯通。

凤凰卫视的节目制作和播出频率都很快，这样大的工作压力并没有让杨澜降低对自己的要求，她依然是每件事情都力争做到最后。正像她自己说的："其实也没人逼我这么累，许多事儿由别人去做也不比我差，但还是觉得自己亲手做比较踏实，前后总算保持了统一的风格。"

杨澜就是这样，以她孜孜不倦的努力，精益求精的态度，开创了在凤凰卫视的一段流金岁月。

其实，成功并没有捷径，只有踏踏实实的努力，才有成功的可能。

爱迪生说："天才是百分之九十九的汗水加百分之一的灵感。"一句话道出了天才之为天才的真谛。也许正在学习画画的你，看到《蒙娜丽莎》会惊艳它的美丽，赞叹达·芬奇的巧夺天工，可是，如果没有刻苦的练习，又怎么会有他日后的成就呢？无论一个人的资质是多么优秀，要想获得成功，他都必须付出努力。先天的聪慧秉性并不是我们获得成功的必然保证。

孩提时代的达·芬奇聪明伶俐，勤奋好学，兴趣广泛。达·芬奇从小就表现出了绘画天赋，他画的小动物惟妙惟肖。5岁的时候，他就能凭记忆在沙滩上画出母亲的肖像。

达·芬奇的父亲皮埃罗确信儿子有绘画天赋，便将达·芬奇送往佛罗伦萨，师从著名的艺术家佛罗基奥，开始系统地学习绘画。

可在达·芬奇刚刚来到画坊的时候，老师佛罗基奥只拿来一个鸡蛋让他画，达·芬奇很快就画了几张，可是老师让他继续画简单的鸡蛋，一连好多天都是如此。面对如此枯燥乏味的学习内容，达·芬奇终于不耐烦了，认为老师小瞧了他，让他画这么简单的东西，就问老师：“老师，您天天让我画鸡蛋，这不是太简单了吗？”老师严肃地说：“你以为画鸡蛋很容易，这就错了。要知道，在1000个鸡蛋中，没有形状完全相同的，每个鸡蛋从不同的角度去看，形状也不一样。我让你画鸡蛋，就是要训练你的眼力和耐心，使你能看得准确，画得熟练。”

达·芬奇听从了老师的话，开始用心画鸡蛋。他发现，即使是同一个蛋，由于观察角度不同、光线不同，它的形状也不一样。达·芬奇恍然大悟，原来老师是为了培养他观察事物和把握形象的能力。

从此以后，达·芬奇在画室里静心地研究鸡蛋的明暗变化关系，他画了一张又一张的鸡蛋素描，练就了绘画的基本功，并发现了明暗渐进画法。他废寝忘食地训练，夜以继日地工作，学习各类艺术与科学知识，为他以后在绘画和其他方面取得卓越的成就，打下了坚实的基础。

天道酬勤是亘古不变的真理，每个人的成功都不是轻易得来的，唯有踏踏实实的努力才是成功的“捷径”。

成长箴言

成功需要付出，希望需要汗水来实现，人生需要勤奋来铸就。

当我们不具备成功的天赋时，只有脚踏实地，才能让自己站稳脚跟。正如山崖上的松柏，经过无数暴风雪的洗礼，只有坚定地盘固于土地，它们才能长成坚固的树干。

一个人若不敢向命运挑战，不敢在生活中开创自己的蓝天，命运给予他的也许仅是一个枯井的地盘，举目所见将只是蛛网和尘埃，充耳所闻的也只是唧唧虫鸣。

尽善尽美，将每一件事情都做到最好

作为《杨澜访谈录》这档节目的决定性角色，杨澜做得认真而刻苦。杨澜认为，自己是一个“认真而有韧性的人”；这一点，得到了同事们的一致认同。郝亚兰说：“坦白地讲，杨澜是这个制作组里最勤奋的人。”

为了胜任与任何职业和地位的采访对象的对话，杨澜承认自己必须事先认真“做功课”，看书有时也成了繁重的“功课”之一，即使有时看完那些难懂的科学理论和术语、采访完就马上忘记，但她还得强迫自己阅读。比如几年前为了准备与基辛格访谈，她从基辛格的毕业论文到后来写的书全读了。

杨澜就是这样，力求将每一件事情做到最好。

美国前国务卿基辛格博士，在诸事繁忙之时，仍然坚持让自己的下属不断地培养对细节关注的习惯。他的助理呈递一份计划给他，数天之后，该助理问他对其计划的意见时，基辛格和善地问道：“这是不是你所能做的最佳计划？”

“嗯……”助理犹疑地回答，“我相信再做些改进的话，一定会更好。”

基辛格立刻把那个计划退还给他。

努力了两周之后，助理又呈上了自己的成果。几天后，基辛格请该助理到他办公室去，问道：“这的确是你所能拟订的最好的计划了吗？”

助理后退了一步，喃喃地说：“也许还有一两点可以再改进一下……也许需要再多说明一下……”助理随后走出了办公室，腋下夹着那份计划，他下定决心要拟出一份任何人——包括亨利·基辛格都必须承认的“完美”计划。

这位助理日夜工作，有时甚至睡在办公室里，三周之后，计划终于完成了！他很得意地跨着大步走入基辛格的办公室，将该计划呈交给国务卿。

当听到那熟悉的问题“这的确是你能做到的最最完美的计划了吗”时，他激动地说：“是的。国务卿先生！”

“很好。”基辛格说，“这样的话，我有必要好好地读一读了。”

要做好一件事情，就必须认真细致地做好每一个细节，追求每一个细节的完美，这样才能将事情做到尽善尽美。

莫奈画过这样一幅画，描绘的是女修道院厨房里的情景。几个正在工作的天使。一个正在架水壶烧水，一个正提起水桶，另外一个穿着厨衣，伸手去拿盘子——即使日常生活中再平凡不过的事，也值得天使们全神贯注地去做。

生活中，每一件事都值得我们去做，别轻视自己所做的每一件事，即便是最普通的事，也应该全力以赴、尽职尽责地去完成。只有将每一件小事做好，才有完成大事情的可能。一步一个脚印地向上攀登，便不会轻易跌落。

……………成长箴言

成功者和失败者的区别主要在于：成功者无论做什么，都力求达到尽善尽美，丝毫不会放松；成功者无论做什么事，都不会轻率疏忽。

亲爱的女孩们，在生活和学习中你应该严格要求自己，任何一件事情，能做到最好，就不允许自己只做到次好；能完成100%，就不能只完成99%。不论什么时候，你都应该有这种追求尽善尽美的精神，只有这样，你才有可能成功。

人生就是在享受奋斗的过程

从离开《正大综艺》做回学生，再由一个学生重新回归电视，直到做出另一番成就，回顾这段经历，杨澜说道："一个人经历了很大的欢喜，经历了很大的挫折，但是你还是能够站起来，然后重新回到你要做的事情上，我觉得是对一个人很大的考验。我很高兴我经历了这样的考验。在这个过程中，有时候是苦不堪言的，有时候是特别劳累的。但是走过觉得特别值。有一件事情我觉得特别自豪，就是我为了一个理想奋斗！"

杨澜的这段话，正是对奋斗过程的最好诠释。没有人能随随便便成功，痛苦和劳累都是难免的，但只要是在为自己的梦想而努力，那就是一个"痛并快乐着"的过程，那就是一件值得自豪的事。人生就是在享受奋斗的过程。

富商临终前，见窗外的市民广场上有一群孩子在捉蜻蜓，就对他4个未成年的儿子说："你们到那儿给我捉几只蜻蜓来吧，我许多年没见过蜻蜓了。"

不一会儿，大儿子就带着1只蜻蜓回来了。富商问儿子："怎么这么快就捉了1只？"大儿子说："我用你送给我的遥控赛车换来的。"富商点点头。

又过了一会儿，二儿子也回来了，他带回来2只蜻蜓。富商问："你这么快就捉了2只蜻蜓？"二儿子说："我把你送给我的遥控赛车租给了一位小朋友，他给我3美分，这两只是我用2美分向另一位有蜻蜓的小朋友买来的。爸爸，你看这是多出来的1美分。"富商微笑着点点头。

不久，老三也回来了，他带来了10只蜻蜓。富商问他："你怎么捉了这么多的蜻蜓？"三儿子说："我把你送给我的遥控赛车放在广场上，谁要玩赛车交1只蜻蜓就可以了。要不是怕你急，我至少可以收18只蜻蜓。"富商拍了拍三儿子的头。

最后到来的是最小的孩子。他满头大汗，两手空空， 衣服上沾满了尘土。富商问："孩子，你怎么搞的？"四儿子说："我捉了半天，也没捉到1只，那些蜻蜓好可爱，飞得那么高，我蹦起来都捉不到它们。不过，有好几次我差点抓住了！"

四儿子眉飞色舞地讲述着，似乎还沉浸在抓蜻蜓的快乐中。富商笑了，笑得满眼是泪，他摸着四儿子挂满汗珠的脸蛋，把他搂在了怀里。

第二天，富商死了。他的孩子们在床头发现了一张小纸条，上面写着：孩子，我并不需要蜻蜓，我需要的是你们捉蜻蜓的乐趣。

当美丽的蝴蝶破茧而出时，我们不禁要赞叹它的美貌。殊不知，这双翅膀的展出是付出了多少的心血。蝴蝶知道。它明白了自己的来之不易，更明白，如果不是前者的苦心孕育，怎会有今日的精彩绚丽？最后的结果固然重要，但是过程亦弥足珍贵。虽然它的寿命十分短暂，但是它知道自己已经是一只真正的蝴蝶了，已经享受了那一段心酸的奋斗历程。它满足了。

坦然面对生活，纵使你对生活有千万个不如愿，但是，你毕竟享受到了过程的快乐。

过程是很珍贵的，在人生旅途中我们可能会有很多目标，但我们从来都不知道会遇到什么困难，所以你努力地直朝着终点前进，结果你在过程中变得更自信、更坚强，最终也到达了目的地。正像我们所熟知的那句话："既然选择了远方，便只顾风雨兼程。"为梦想来场酣畅淋漓激情挥洒，尽情地去享受奋斗过程中由于全身心的投入而带来的充实和愉悦吧！

…………成长箴言

人生，就是一个不断为梦想而奋斗的过程。能够在奋斗过程中充分享受快乐的人常常是最后取得成功的人。他们在充分享受奋斗的过程中，倾全力于其中，认真地对待每一次机会，因此他们往往会成为受成功垂青的人。享受奋斗过程的人，既能得享其间的快乐和幸福，还能得享成功之神的眷顾，我们又何乐而不为呢？

人生一世，最终都要归于尘埃。如果我们能以积极的心态面对人生，就会拥有一个精彩的生命过程。但愿我们每个人都能在奋斗、追求的过程中，快乐着、幸福着度过自己的一生。

没有窍门，只有勤奋

如今很多人都羡慕杨澜取得的这些成绩，如果说成功有什么窍门的话，那杨澜的经历会告诉你，那就是——勤奋。

上中学时的杨澜并不是那种聪慧过人的女孩，当然也就不是那种巧解难题的高手，她颇为自诩的是：考试时基本分上她从来一分不丢，地理、历史这种需要死记硬背的科目，随便问哪道题，她马上就能说出是在哪一页上。凡是老师布置的作业，她没一样不是完成得仔仔细细。

上了大学之后的杨澜骨子里是一个缺乏自信的人。你能相信杨澜曾经因为听力课听不懂而特别沮丧吗？那时好多同学听力能得A，杨澜老是得A^-、B^+什么的，这让她非常苦闷，每天晚上都在日记里写上：明天开始我要有一个全新的开始，一定要充满信心地把自己的听力提高上去。但是第二天一上听力课，还是听不懂。妈妈一度害怕杨澜因为挫折感太强而得自闭症。半年多之后，杨澜的听力慢慢上来了，她才恢复了信心。她说："我很羡慕周围生活中一些棱角更分明，更有创见和个性的人。""我经常觉得自己不是一个有才华和极端聪明的人。"

杨澜的成功不是偶然的，她有着为梦想而努力拼搏的勇气，也有着孜孜不倦坚持下去的勤奋。杨澜说过："我不是最有才华的人"，但无疑她是足够努力的。

当我们看到挂在天空的美丽彩虹时，我们能记起是什么孕育了这么美好的七色"桥梁"吗？当我们羡慕别人的辉煌成就时，我们是否看到了他们成功背后的汗水？当我们赞叹郑明明的美丽时，我们是否留意了她的辛勤付出？

天道酬勤，伟大的成功和辛勤的劳动是成正比的。正所谓"有志者，事竟成；有心人，天不负。"只要你付出了努力，命运就会垂青于你，相信功夫不负有心人的真理，不投机取巧，踏踏实实做人做事，你就一定可以成功。

人的一生是短暂的。一个人在短暂的一生中真正要成就一番事业，那就一定要勤奋。古往今来，凡事业有成者，无一不是事业的勤奋执著的追求者。

勤奋是通往成功的敲门砖。大千世界，五彩缤纷，人们很容易左顾右盼，见异思迁。但天才和灵感的女神，往往钟爱的只是不畏辛劳、甘洒血汗的勤奋者。"勤"和"苦"总是紧密相连，如影随形。一切天才的机遇和灵感，从来都是以勤奋为前提的。勤奋不仅意味着吃苦与实干，而且必须持之以恒，百折不挠，才有可能叩开成功的大门。“业精于勤”、“勤能补拙”，这其中的道理对任何人都适用。纵观历史上的名人巨匠，并非个个都是天才。李时珍曾经三次考举人落榜，但后来成了医学大师；爱因斯坦小的时候，人们都说他很迟钝，可正是他创立了相对论……世界上有许多智力平凡的人创造了超群出众的成绩，探究其中的奥秘，关键在于他们比一般人更勤奋。

我们所熟知的著名化妆品牌雅诗兰黛，其创始人埃斯泰·劳德是许多年来《财富》与《福布斯》杂志等富商榜上的传奇人物。这位当代“化妆品工业皇后”白手起家，凭着自己的聪颖和对工作和事业的高度热情，成为世界上著名的市场推销专才。由她一手创办的雅诗兰黛化妆品公司，首创了卖化妆品赠礼品的推销方式，使得公司脱颖而出，走在了同行的前列。她之所以能创造出如此辉煌的事业，不是靠世袭，而是靠自己对待工作和事业的激情。20世纪30年代，劳德的化学家舅父在自家房子后面一间小屋里搭建了简陋的临时实验室，自己调制面霜，劳德代他销售，后来又学会了自己动手调制。

她把自家的产品带到美容院，给那些闲坐着等头发吹干的女人们做免费演示，其中许多人后来成了她的顾客。她有时候还会在曼哈顿集中了各种奢华品牌专营店的第五大道上，拦住过路的女性，请她们试用自己的产品。

劳德后来解释自己的成功经验时说：“我在职业生涯中从未有过一天不是在推销中度过。如果我相信什么东西，我就把它推销出去，而且推销得很卖力。”在80岁前，她每天都能斗志昂扬、精神抖擞地工作10多个小时，她对待工作的态度和旺盛的精力实在令人惊讶。老年以后的劳德名义上已经退休了，而实际上，她照例会每天穿着名贵的服装，精神抖擞地周旋于名门贵族之间，替自己的公司做无形的宣传。

勤奋刻苦是一所高贵的学校，所有想有所成就的人都必须进入其中，在那里学到有用的知识、独立的精神和坚韧不拔的习惯。其实，勤劳本身就是财富，如果你是一个勤劳、肯干、刻苦的人，就能像蜜蜂一样，采的花越多，酿的蜜也越多，你享受到的甜美也越多。

实干并且坚持下去是对勤奋刻苦的最好注解。也许100次的努力和辛勤的锤打都不会有什么明显的结果，但最后的一击石头终会裂开的。成功的那一刻，正是你前面不停地刻苦的结果。

勤奋是走向成功的坚实基础，它更像一个助推器，能把你推向人生的辉煌。

成长箴言

通往成功的道路没有捷径。由勤奋走向成功是一个漫长的过程，如同每一朵花的盛开，要经过长期的孕育，每一个甜美的果实要经过耕耘与培植一样。一个人想要成功，必须经过艰苦的奋斗，付出辛勤的汗水。

“勤奋出天才”，只要我们不懈努力，认准一个“勤”字，生活和学习中的许多困难都会迎刃而解。早动手、勤动手，将自己的先天不足用勤补回来。如果不通过自己的努力与勤奋，再瑰丽的想法也只能是空想。

Lesson 9

不怕摔倒，站起来继续前行

每个人的成功都是一条荆棘路，在前行的道路上，我们可能会摔倒，我们要做的就是摔倒后爬起来拍去身上的尘土继续前行。对血肉模糊的伤口来说，最好的良药就是学会坚强。坚强可以让你坦然面对一切突如其来的挫折，将这些挫折转化为动力，从中总结经验教训，最终定会走向成功。

美梦易碎，但至少我经历过

2000年3月，杨澜出人意料地做出了跨进商界的打算，发布了收购良记集团，并更名成立阳光文化网络电视控股有限公司的消息。杨澜说想要做文化商人，因为中国缺少文化商人。她想通过自己的行动做出一番事业，推广文化事业。在新闻发布会上，她胸有成竹地提出了打造阳光文化传媒的计划，对于电视市场的未来前景做了精心的描述。

然而理想与现实总是存在着差距的，阳光卫视最终还是成为了杨澜一个破碎的美梦。

当有记者问到对挫折和压力的看法时，杨澜说了这样一番话：

“我觉得挫折和压力都是生活的一部分，是永远无法避免的。当时觉得特别的痛苦，过后再看其实这些挫折压力都是人生最大的财富。我觉得我成长最快的时候，一般都是在经历挫折的时候。首先对自己的承受力有一个新的认识，其次你会回归自己的核心竞争力，最重要的是你得学会忍耐坚持下去，只要你坚持下来一定会有一片属于自己的天地。如果说有什么可以分享的话，那就是要不断地给自己‘升值’的同时还要开阔自己的视野。如果你觉得人生有什么‘弯’你过不去了，那是因为你趴在地面上，如果你站起来就会看到路是一直往前延伸的，如果你站在山顶你就会发现前方的路能够绕得很远。别把自己封闭在一个小环境里面。”

挫折似乎是人生必备的大餐，经历过挫折后人才会成长。每个人的一生都会经历很多挫折，而对挫折的认知水平决定了人们未来的发展，我们可以这样说，“问题不在于发生了什么，而在于如何对待它”。只要你已经尽了最大努力去干一件事，即使最终失败了也没有关系，过程比结果更重要，而更为重要的是从失败中吸取教训。

从小在家里爸爸妈妈对我们呵护备至，爷爷奶奶对我们疼爱有加，外公外婆更是跑前跑后地为我们服务，我们就像小皇帝一样，摔倒了有人扶，不如意了可以哭，天天过着顺风顺水的日子。然而现在长大了，多了烦恼更多了挫折：慢慢地我们发现，大人们对我们的要求越来越多了，我们想得到东西越来越难了，我们碰壁、失败的时候更多了……

面对这些，你的心灵是不是受不了了，生活在充满挫折的环境中，是不是觉得天变得阴了，心变得沉重，自己变得畏畏缩缩的了。

其实挫折并非打倒你的地狱恶魔，挫折如成功一样，只不过是人生中必须要体验的一种味道，必须要经历的一部分。生活中的挫折是难免的。俗话说：“天有不测风云，人有旦夕祸福。”人生会有各种各样的坎坷，而且挫折不一定就是坏事。考试遭挫会给你以打击，带来损失和痛苦，但也使你奋起、成熟，从中得到锻炼。“自古雄才多磨难，从来纨绔少伟男”。大文豪巴尔扎克也说：“世界上的事情永远不是绝对的，结果完全因人而异。苦难对于天才是一块垫脚石，对于能干的人是一笔财富，对弱者是一个万丈深渊。”

成就人生的过程往往也就是战胜挫折的过程。强者之所以为强者，不在于他们遇到挫折时根本没有消沉和软弱过，而恰恰在于他们善于克服自己的消沉与软弱。鲁迅彷徨过，哥白尼忧郁过，伽利略屈服过，歌德、贝多芬还曾想过自杀，但他们通过斗争，最终都坚定地走向了真理。凡事都有两重性。挫折可以使人沉沦，也可以使人猛醒和奋起。关键在于遇到挫折的时候，能否从失败中吸取经验，能否发现自己的优点和长处，从而振作精神，重新站立起来。当你在失望和沮丧中看到了自己的另一面，你就会发现，天空原来是那么辽阔，阳光原来是那样明媚，自己并不是一无是处，从而鼓起战胜挫折的勇气和信心，提高对挫折的适应能力。

成长箴言

现实生活中，有很多挫折和不幸，小到考试失利、小病小痛，大到亲人故去、家庭破裂等，在这些不幸中，有一些可以避免，有一些难以避免。无论是否可以避免，在面对它们的时候，请你不要怨天尤人，不要哭泣消沉，要挺起胸膛，微笑面对。

要记住：苦难，是无奈，是挫折，但也是生活，更是自己的人生。而我们，只要全心体验、积极面对，就一定能够得到特别的收获，比如，人生经验、精神境界的提升，坚定、勇敢、乐观、勇于进取的品格等，让我们受益无穷。

生活不相信童话

2003年6月，杨澜宣布将阳光卫视70%的股权卖给内地的一家传媒集团，这样，杨澜彻底退出了阳光卫视的经营。对此，杨澜说：“阳光卫视是我一生遇到的最大挫折。”

阳光卫视的失败让杨澜明白了一个道理，那就是不是所有的故事都有美丽的结局。童话很美，但是现实却很残酷，童话里的美好结局不一定会在现实中出现。

让杰西永远也忘不了的，是她上三年级时的一次午餐时间。学校排戏时，她被选来扮演剧中的公主。接连几周，母亲都煞费苦心地跟她一道练习台词。可是，无论她在家里表达得多么自如，一站到舞台上，她头脑里的词句便全都无影无踪了。

最后，老师只好叫杰西靠边站。她解释说，她为这出戏补写了一个道白者的角色，请她掉换一下角色。虽然她的话亲切婉转，但还是深深地刺痛了杰西——尤其是看到自己的角色让给另一个女孩的时候。

那天回家吃午饭时，杰西没把发生的事情告诉母亲。然而，母亲却觉察到了她的不安，没有再提议她们练台词，而是问她是否想到院子里走走。

那是一个明媚的春日，棚架上的蔷薇藤正泛出亮丽的新绿。杰西无意中瞥见母亲在一棵蒲公英前弯下腰。“我想我得把这些杂草统统拔掉。”她说着，用力将它连根拔起。“从现在起，咱们这庭院里就只有蔷薇了。”

“可我喜欢蒲公英，”杰西抗议道，“所有的花儿都是美丽的，哪怕是蒲公英！”

母亲表情严肃地打量着她。“对呀，每一朵花儿都以自己的风姿给人愉悦，不是吗？”她若有所思地说。

杰西点点头，很高兴自己说服了母亲。

“对人来说也是如此。”母亲又补充道，“不可能人人都当公主，但那并不值得羞愧。”杰西想母亲猜到了自己的痛苦，她一边告诉母亲发生了什么事，一边失声哭泣起来。

母亲听后释然一笑。“但是，你将成为一个出色的道白者。”母亲说，“对于排戏来说，道白者的角色跟公主的角色一样重要。做最适合自己的，你就是你自己的主角。”

爱做梦是女孩的天性，电视里英俊潇洒的才子爱上温柔可人的贫家女，童话里权倾天下的王子娶回“忍辱负重”的“灰姑娘”……这种种的美，让很多女孩以为只要努力就能成功，能够有好的回报。但是，生活毕竟不是童话故事，不是每个灰姑娘都有金色的爱情，不是所有的故事都有美好的结局，挫折和失败是我们常见的结局。

所以唯有保持一颗宁静的心，才不会眼热名声显赫，不奢望金银成堆，不乞求声名鹊起，不羡慕美宅华第。因为如果不去努力争取，所有的眼热、奢望、乞求和羡慕都是一相情愿，只能加重生命的负荷，而与豁达康乐无缘。

承认这个世界的不完美，承认不是所有的故事都有完美的结局，我们才能拥有一份成熟，才会活得更加充实、坦然和轻松。

……成长箴言

困难和挫折是人生中不可避免的。有的人成功了，是因为他们能够坚强地面对，而有的人失败了，是因为他们面对困难一蹶不振，失去了继续拼搏的勇气。伟大的发明家爱迪生说过，厄运对乐观的人无可奈何，面对厄运和打击，乐观的人总会选择用微笑来迎接挫折。

承认失败，学会坚强

人生几多风雨几多愁，每个人的生活都不可能是一帆风顺的。尽管你可能事先做好了充足的准备，仍不免会遭遇到失败。我们要做的，就是承认自己的失败，然后爬起来拍去身上的尘土，同时也不要忘了前行的脚步。杨澜在谈到阳光卫视的时候，很坦承地说："退出阳光是我一生中最大的挫折。"但承认失败并不是消极的自弃，而恰恰是勇敢者走出失败，继续前行的智慧和勇气。对于失败，杨澜不避讳也不悲观，她说道："一个人的成功和挫折可能着眼于一个偶然因素或某一个重大决定而改变了人生"，而她越来越发现人生中做的任何事都不是徒劳的，她笃信积累的力量。

一个人的社会经历中有了一次较大的失败并不耻辱，只有学习过失败这门课程，人们的毅力才会更顽强，经验才会更丰富，处理事情才会更成熟。所以，当我们面对失败时，不要抱怨，不要灰心丧气，应该更加努力。

在伦敦的一家科学档案馆里，陈列着英国物理学家法拉第一本写了10年的日记。这本日记非常奇特：

第一页上写着："对！必须转磁为电。"

以后，每一天的日记除了写上日期之外，都是写着同样的一个词："No"（不）。1822—1831年，整整10年，每篇日记都如此。

只是在这本日记的最后一页，才改写上了一个新词："Yes"（是的）。

这是怎么回事？

原来，1820年丹麦物理学家奥斯特发现：金属线通电后可以使附近的磁针转动。这引起法拉第的深思：既然电流能产生磁，那么磁能否产生电流呢？法拉第决心研究磁能否生电的课题，并决心用实验来回答。

10年过去了，经过实验—失败—再实验……法拉第终于成功了。他在历史上第一次用实验证实了磁也可以生电，这就是著名的电磁感应原理。正是这个著名的原理，为发电机的诞生奠定了基础。

爱迪生曾经说："失败也是我所需要的，它和成功一样对我有价值。只有在我知道一切做不好的方法以后，我才知道做好一件工作的方法是什么。"其实只有我们完全拒绝失败的时候，才是彻底失败的到来之日。

多次的失败并不表明你是一个盖棺论定的失败者，而表明你正在用失败铺路、一步一步地接近辉煌的成功。多次的失败并不表明你是一个屡战屡败、经不起挫折的懦夫，而表明你是一个屡败屡战、勇往直前的勇士。

法拉第的那本日记，表面看起来似乎显得那样的单调和乏味，可是换个角度看失败，给人的启发又是那样的丰富和深刻：

多次的失败并不表明你一无所获，而是表明你得到了宝贵的经验，表明你也许要变换方式另辟蹊径。多次的失败并不表明你必须放弃，永远无法成功，而是表明你要坚持不懈，表明你还要花些时间。多次的失败并不表明你浪费了时间、生命，而是表明你在集中精力攻破具有非凡价值的难关，表明你在尝试和探索中获得快乐。

法拉第面对10年来的失败，没有气馁，而是选择用坚持不懈的努力回击一次次的失败。他用自己的行动给"失败乃成功之母"这句名言作了绝妙诠释。阳光卫视的失败让杨澜认识到自己并不适合做商业，于是她退出了。但她并没有因这次的失败而消沉，而是选择了坚强地面对。

每个人的成功都是一条荆棘路，我们唯一能做的就是坚强面对。当你碰到困难时，不要把它想象成不可克服的障碍。因为，在这个世界上没有任何困难是不可克服的，只要你敢于扼住命运的咽喉。失败和挫折是弱者的绊脚石，却是强者成功的起点。要想成功，就必须做生命的强者。

失败和挫折并不可怕，可怕的是面对失败和挫折时一个人斗志的消失。成功总是需要艰辛的付出。想一想那些成绩优秀的同学，他们为什么能够取得第一名？当然和他们持之以恒的努力是分不开的。他们并不是每一次都会取得第一名的好成绩，但每一次的失利，都会成为他们进取的动力，为他们下次的成功积淀力量。真正的成功是需要我们一步一步地进取才能够获得的。

…… …… 成长箴言

一位名人说过："没有永久的幸福，也没有永久的不幸。"尽管在生活中，我们每个人都会遇到各种各样的挫折和不幸，而且不仅仅要承受一种磨难，甚至于受打击的时间可能长达几年、十几年。但是让人极度讨厌的挫折也有它的"致命弱点"，那就是它不会持久存在。

易卜生说："不因幸运而故步自封，不因厄运而一蹶不振。真正的强者，善于从顺境中找到阴影，从逆境中找到光亮，时时校准自己前进的目标。"

任何时候，都不要因挫折而气馁，挫折不会时时伴随你，阴云之后的阳光很快就会来临。

不怕摔倒，疼痛之后就是脱胎换骨

“人可以被消灭，但不能被打败！”在人生旅途中，通往理想的道路上总会遇到大大小小的困难和挫折。埋怨、消沉、哀叹命运，这些都无济于事。面对挫折，要有宽阔的胸襟，要有无畏的勇气。要记住，挫折一样可以是通向理想的阶梯。只要你有走出的愿望，就没有永远走不出的人生低谷。

她从小就“与众不同”，因为小儿麻痹症，不要说像其他孩子那样欢快地跳跃奔跑，就连平常走路都做不到。寸步难行的她非常悲观和忧郁，当医生教她做一点运动，说这可能对她恢复健康有益时，她就像没有听到一般。随着年龄的增长，她的忧郁和自卑感越来越重，她不敢正视自己的双腿，甚至，她拒绝所有人的靠近。但也有个例外，邻居家那个只有一只胳膊的老人却成为她的好伙伴。老人是在一场战争中失去一只胳膊的，老人非常乐观，她非常喜欢听老人讲故事。

这天，她被老人用轮椅推着去附近的一所幼儿园，操场上孩子们动听的歌声吸引了他们。当一首歌唱完，老人说道：“我们为他们鼓掌吧！”她吃惊地看着老人，问道：“我的胳膊动不了，你只有一只胳膊，怎么鼓掌啊？”老人对她笑了笑，解开衬衣扣子，露出胸膛，用手掌拍起了胸膛……

那是一个初春，风中还有几分寒意，但她却突然感觉自己的身体里涌动起一股暖流。老人对她笑了笑，说：“只要努力，一个巴掌一样可以拍响。你一样能站起来的！”

那天晚上，她让父亲写了一张纸条，贴到了墙上，上面是这样的一行字："一个巴掌也能拍响。"从那之后，她开始配合医生做运动。无论多么艰难和痛苦，她都咬牙坚持着。有一点进步了，她又以更大的受苦姿态，来求更大进步。甚至在父母不在时，她自己扔开支架，试着走路。蜕变的痛苦是牵扯到筋骨的。她坚持着，她相信自己能够像其他孩子一样行走，奔跑。她要行走，她要奔跑……

11岁时，她终于扔掉支架，她又向另一个更高的目标努力着，她开始锻炼打篮球和参加田径运动。

1960年罗马奥运会女子100米跑决赛，当她以11秒18第一个撞线后，掌声雷动，人们都站起来为她喝彩，齐声欢呼着这个美国黑人的名字：威尔玛·鲁道夫。

那一届奥运会上，威尔玛·鲁道夫成为当时世界上跑得最快的女人，她共摘取了3枚金牌，也是第一个黑人奥运女子百米冠军。

别以为剩下一只手就做不成什么事了，"一个巴掌也能拍响"，一个巴掌也能给自己鼓掌。

身处逆境，人们会比平日更能激发出巨大的潜能，因此，你不必因恐惧逆境和挫折而去当温室里的花朵。温室里的花朵固然可以安全舒适地生活，但人生不可能一帆风顺，一旦逆境来临，首先被摧毁的就是失去意志力和行动能力的温室花朵，经常接受磨炼的人才能创造出崭新的天地，这就是所谓的"置之死地而后生"。

每个人的一生都是在失败与挑战中度过的。人的一生中，挫折总是不可避免的，但如果换一种思维来看待它的话，那就是有的时候，我们就是要体会一下粉身碎骨的痛，因为只有经过磨炼，才能认识到什么路可行，什么路不能走。也只有在止痛了之后，我们才能够找到前进的方向，取得脱胎换骨的进步和成长。

人的可贵之处在于，无论我们跌倒多少次，都能从失败的废墟上站起来，人生也因此而变得绚丽多彩。如果你还在为不幸的遭遇自怨自艾的话，那你将不会有任何前途。不要因为一次考试的失利就自暴自弃，失利会指明我们在什么地方还有不足，只要我们持之以恒地刻苦努力，迎头赶上，我们一样可以取得第一名的好成绩。而你若是沉陷在其中无法自拔，以为自己的学习成绩永远都不会提高，又怎么会取得好成绩呢？

成长箴言

在这个世界上，有阳光，就必定有乌云；有晴天，就必定有风雨。从乌云中解脱出来的阳光比以前更加灿烂，经历过风雨洗礼的天空才能更加湛蓝。人们都希望自己的生活如丝顺滑、如水平静，可是命运却给予人们那么多波折坎坷。此时，我们要知道，困难和坎坷只不过是人生的馈赠，它能使我们的思想更清醒、更深刻、更成熟、更完美。

所以，不要害怕失败，在失败面前，只有永不言弃者才能傲然面对一切，才能最终取得成功。其实，失败真的不过是从头再来。

Chapter 4

快乐成长，青春没有烦恼

Lesson 10 女孩，要懂得爱自己

每个女孩都是上帝派往人间的天使，都是独一无二的。每个人都有自己的位置，每个人都能找到自己的位置，发出自己的声音，踏出自己的通途，作出自己的贡献。我们应该相信：正因为有了千千万万个“我”，世界才变得丰富多彩，生活才变得美好无比。

学会爱自己，只有爱自己，生命之花才能馨香芬芳。

爱自己，每个女孩都是独一无二的

你喜欢自己的父母以及他们给你取的名字吗？ 你喜欢自己的才干或学历吗？ 你喜欢自己的谈吐、微笑和习惯性的小动作及打喷嚏的声音吗？

在现实生活中，有许多女孩给出了这样的答案：“不”、“还好吧”、“已经这样了，能怎么办呢”等。这些答案不免使人深感悲哀：为什么我们总是只会“发现”并且难以原谅自己的错误？

要知道，每个女孩都是上帝派往人间的天使，每个女孩都是独一无二的，谁都不该看轻自己，要学会爱自己。

或许有人说，爱自己岂不表明一个人过于自恋？这种想法其实是错误的。我们必须清楚爱自己其实既是一种孩童般的天真无瑕，又带

有一种哲人般的知性豁达；既包含着一种“要进取才有前途”的智慧，又有着“自己并没有那么重要”的襟怀和勇气。总之，就是热爱自己一切与生俱来或亲手打造的东西，并努力发扬光大其中的长处。“爱自己”听起来很简单，也是一个老生常谈的话题，但真正、完全、理性地爱自己的人其实并不多，也就是说现实生活中，很多人实际上是缺乏“爱”的能力的。虽然我们知道这严重影响了我们原本应当更加灿烂的人生。

要懂得人间有爱、世界有爱，首先得从爱自己开始，爱自己是一切爱的基础。

然而，“爱自己”却并不容易做到。简单点，在一件细小的事情中可以体现，复杂点，要用一生的过程去打造。因为在这个世界上没有人是完美的，身为凡人，我们的缺陷更是成箩成筐，如果较起真儿来我们干脆别活了。所以如今，只要我们尚拥有一颗热爱美好的心，并为此孜孜努力着，我们就应该认为自己是个可爱的人。

还有人说爱自己是一种自私的行为，这同样也是不正确的。

爱自己不是一种自私行为，我们这里所说的爱并不是虚荣、贪婪、傲慢、自命不凡，而是善待自己，对自己无条件接受的做法。如果你能够认识到自己是一个有自尊心的综合体，如果你能够注意养生，保持自己的身心健康，那你就已经学会爱自己了。如果你拥有了这种爱，那你也就可以把它奉献给别人了。

爱，非常像花散出的香气，无论有没有人去闻它，香气都是存在的。那些有爱的天性的人们，无论走到哪里，都会辐射出爱。而且，他们把爱散播给别人并不是通过压制自己的欲望、牺牲自己的需要来实现的。而是由于他们十分充实地享受生活，所以非常希望别人也能分享这种快乐。他们在友善地对待他人的过程中，发现自己能够获得一个愉悦的心情，这种愉悦正是他们的爱产生的源泉。因此，为了更好地爱自己，不妨做如下尝试：

在你比较轻松、事情比较少的日子里，专门空出一天时间。在这一天中，做你自己最要好的朋友，满怀感情地对待自己，为自己祝福，你可以放声歌唱，你可以尽情地舞蹈，用一整天的时间来爱自己。

也许你担心自己过于平凡，你既没有非凡的智慧，也没有一技之长，你更没有惊人的力量，甚至是财富和地位……哪怕你一无所有，你仍然有理由珍爱自己，因为你是独一无二的。我们始终都在走一条路，一条属于自己的路；我们始终都在营造一道风景，一道涂抹着个性色彩的风景。路在延伸，风景依然亮丽，我们把朝霞走成了夕阳，把暖春走成了寒冬……我们为什么不能爱自己呢？

成长箴言

无论什么时候，我们都要爱自己。爱自己，不是苛求自己，让自己在纷繁的世界里找不到航向；爱自己，不是一味追求完美，让自己为了鲜花和掌声疲惫不堪；爱自己，是不断给自己信心和勇气，将坚韧的品格注人周身的血液中；爱自己，是悄然给自己鼓励和希望，让自信和希冀渗透到举手投足中。

学会爱自己，在郁闷的时候为自己点一首歌，在孤独的时候为自己送一束花；学会爱自己，给自己的精彩来一点掌声；学会爱自己，为紧张的生活添一份悠闲；学会爱自己，让敏感的心灵倾听花开的声音、和风的低语，让细腻的情感感受来自亲人、朋友的关爱和温暖；学会爱自己，我们也就学会了爱他人，爱这个世界；学会爱自己，也让别人更爱我们。

学会爱自己，便是善待自己。

正视不完美，做最好的自己

古语云：甘瓜苦蒂，物不全美。每个人都会有这样那样的缺点。正如世界上没有十全十美的东西一样，也不存在什么完人。但在认识自我、看待别人这一具体问题上，许多人仍然习惯于追求完美，求全责备。生活中，有许多女孩就因为自己身上的一些缺点而生活在自卑当中。其实这是完全没有必要的。

有记者采访时曾问杨澜："您有什么缺点是希望自己快点改正的？"对此，杨澜回答："我觉得其实每个人都有缺点，而且不要追求完美，我觉得有点缺点挺好。我觉得我有很多缺点，但是我也不太想改正，我觉得人就是这样挺好，想要把缺点全部克服了，第一，不可能，第二，没必要。我觉得一个人就像硬币的正反两面，有正面一定也有反面，如果反面改了正面也不称其为正面了。我不太想改正自己，我觉得这样挺好，有点缺点，可能有的时候容易情绪化，或者有的时候对团队要求太高了，或者自己有时候想偷点懒，我觉得都挺正常，我不想改变。"

在我们很多人眼里，杨澜是近乎完美的，但是她也承认自己有缺点，而且她也没打算要改变。看到这里，你还在为自己的不完美而自怨自艾吗？世界上没有完全相同的两片树叶，人也一样，每个人都是上帝的宠儿。我们要正确地认识自己，既要看到自己的长处，也要认识到自己的缺点，给自己一个准确的定位。

一位挑水夫，有两个水桶，分别吊在扁担的两头，其中一个桶有裂缝，另一个则完好无缺。在每趟长途挑运之后，完好无缺的桶总是能将满满一桶水从溪边送到主人家中，但是有裂缝的桶到达主人家时却只剩下半桶水了。

两年来，挑水夫就这样每天挑一桶半的水到主人家。当然，好桶对自己能够送满整桶水感到很自豪。破桶呢？对于自己的缺陷则非常羞愧，它为只能负起责任的一半感到很难过。

饱尝了两年失败的苦楚，破桶终于忍不住，在小溪旁对挑水夫说："我很惭愧，必须向你道歉。"

“为什么呢？”挑水夫问道，“你为什么觉得惭愧？”

“过去两年，因为水从我这边一路地漏，我只能送半桶水到你主人家，我的缺陷使你做了全部的工作却只收到一半的成果。”破桶说。

挑水夫替破桶感到难过，他充满爱心地说：“在我们回主人家的路上，你要留意路旁盛开的花朵。”

果真，挑水夫走在山坡上，破桶眼前一亮，看到缤纷的花朵开满路的一旁，沐浴在温暖的阳光之下，这景象使它开心了很多！但是，走到小路的尽头，它又难受了，因为一半的水又在路上漏掉了！破桶再次向挑水夫道歉。

挑水夫温和地说：“你有没有注意到小路两旁，只有你的那一边有花，好桶的那一边却没有开花呢？我明白你有缺陷，因此我善加利用，在你那边的路旁撒了花种，每回我从溪边来，你就替我一路浇了花！两年来，这些美丽的花朵装饰了主人的餐桌。如果你不是这个样子，主人的桌上也没有这么好看的花朵了。”

生活总是不能圆满的，它总会给人生留下很多空隙，这其中最大的空隙就是理想与现实的距离。也许你想成为太阳，可你却只是一颗星辰；也许你想成为大树，可你却只是一株小草；也许你想成为大河，可你却只是一泓山溪……于是，你很自卑。很自卑的你总以为命运在捉弄自己．其实，你不必这样：欣赏别人的时候，一切都好；审视自己的时候，却总是很糟。和别人一样，你也是一道风景，也有阳光，也有空气，也有寒来暑往，甚至有别人未曾见过的一株春草，甚至有别人未曾听过的一阵虫鸣……做不了太阳，就做星辰，让自己的星座发热发光；做不了大树，就做小草，以自己的绿色装点希望；做不了伟人，就做实在的小人物。平凡并不可卑，在变成天鹅之前，我们每个人都是一只丑小鸭。

每个女孩都有自己的优势，只是有时自己看不到或没有发掘。每个女孩都有足够自信的理由，做最好的自己，不用再怀疑，你就是天使。

成长箴言

泰戈尔曾经说过："世界上什么都不完美，蔷薇是有芒刺的花卉；高高在上的天使，我相信也不是没有过失。"世界上没有十全十美的人，如果把人看成一张大白纸的话，那么你的缺憾就是纸上的一个小黑点，为什么你只盯着黑点，却不去注意黑点以外的白纸呢？

这个世界多姿多彩，每个人都有属于自己的位置，有自己的生活方式，有自己的幸福，何必去羡慕别人？安心享受自己的生活，享受自己的幸福，才是快乐之道。金无足赤，人无完人。正视自己的不完美，做最好的自己。

相信自己能飞翔，才能拥有翅膀

电视里出现在我们面前的杨澜总是那么自信满满、优雅大方，但其实杨澜也同样经历过自卑。在高考中以优异的成绩考入大学的杨澜，却在外语系遇到从未有过的挫败感。我们可能无法想象很早就可以用英语侃侃而谈的杨澜，在大学时却常常为英语口语而苦恼，使得她甚至怀疑自己选择英语专业是不是个错误的决定。但杨澜最终战胜了这种自卑心理，她在日记里写道："明天我要有一个全新的开始，一定要充满信心地把自己的听力提高上去。"在这种积极的心理暗示下，杨澜慢慢地重新找回了自信。我们在悉尼歌剧院，在肯尼迪艺术中心的舞台上，一次又一次听到了杨澜令老外刮目相看的流利英语。

我们每个人在成长的过程中都免不了被自卑困扰，自卑并不可怕，但我们要有勇气走出自卑的阴影，只有相信了能够飞翔，我们才能拥有翅膀。

在自然界中，有一种十分有趣的动物，名叫大黄蜂。曾经有许多动物学家、物理学家、社会学家联合起来研究大黄蜂。

根据动物学的观点，所有会飞的动物，其条件必须是体态轻盈、翅膀宽大，而大黄蜂却跟这个观点相背。大黄蜂的身躯十分笨重，而翅膀却出奇的短小。依照动物学的理论来讲，大黄蜂是绝对飞不起来的。

而物理学家的论调则是，大黄蜂身体与翅膀的这种比例，从流体力学的观点来看，同样是绝对没有飞行的可能。

可是，在大自然中，只要是正常的大黄蜂，却没有一只是不能飞的，甚至于它的飞行速度并不比其他能飞的动物差。这种事实存在，仿佛是大自然和科学家们开了一个大玩笑。

最后，社会学家揭开了这个谜。谜底很简单，那就是——大黄蜂根本不懂“动物学”与“流体力学”。每只大黄蜂在它长大之后，就很清楚地知道，它一定要飞起来去觅食，否则就会被活活饿死！这正是大黄蜂能够飞得那么好的奥秘。

我们不妨从另外一个角度来设想，如果大黄蜂能够接受教育，明白了生物学的基本概念，而且也了解了流体力学。那么大黄蜂还能够飞得起来吗？

美国NBA联赛中有一个夏洛特黄蜂队，黄蜂队有一位身高仅1.60米的运动员，他就是蒂尼·伯格斯——NBA最矮的球星。伯格斯这么矮，怎么能在巨人如林的篮球场上竞技，并且跻身大名鼎鼎的NBA球星之列呢？这是因为伯格斯的自信。

伯格斯自幼十分喜爱篮球，但由于身材矮小，伙伴们都瞧不起他。有一天，他很伤心地问妈妈：“妈妈，我还能长高吗？”妈妈鼓励他：“孩子，你能长高，长得很高很高，会成为人人都知道的大球星。”从此，长高的梦像天上的云在他心里飘动着，每时每刻都闪烁着希望的火花。

“业余球星”的生活即将结束了，伯格斯面临着更严峻的考验——

1.60米的身高能打好职业赛吗？伯格斯横下心来，决定要凭自己1.60米的身高在高手如云的NBA赛场中闯出自己的一片天地。“别人说我矮，反倒成了我的动力，我偏要证明矮个子也能做大事情。”在威克·福莱斯特大学和华盛顿子弹队比赛的赛场上，人们看到蒂尼·伯格斯简直就是个“地滚虎”，从下方来的球90%都被他收走……

后来，凭借精彩出众的表现，蒂尼·伯格斯加入了实力强大的夏洛特黄蜂队。在他的一份技术分析表上写着：投篮命中率50%，罚球命中率90%……

一份杂志专门为他撰文，说他技术好，发挥了矮个子重心低的特长，成为一名使对手害怕的断球能手。“夏洛特的成功在于伯格斯的矮”，不知是谁喊出了这样的口号。许多人都赞同这一说法，许多广告商也推出了“矮球星”的照片，上面是伯格斯淳朴的微笑。

成为著名球星的伯格斯始终牢记着当年妈妈鼓励他的话，虽然他没有长得很高，但可以告慰妈妈的是，他已经成为人人都知道的大球星了。

谁说个子矮的人就不能打篮球？谁说个子矮的人打不好篮球？身高1.60米的伯格斯能够成为一名球艺出众的NBA明星，关键就在于他相信自己，并能够在此基础上充分发挥自己的“身高优势”，使自己成为夏洛特黄蜂队里的超级断球手。伯格斯的成功告诉我们这样一个道理：无论是谁，不用理会别人的意见，只要相信自己，做自己想做的事情，就能成功。

世上大部分不能走出生存困境的人都是因为相信别人的指点，以为自己不是做某事的料子。他们就像脆弱的小草一样，别人的嘲笑或者批评都会让他自卑，以为自己什么事都干不成。最后，他们远远躲在别人背后，羡慕着别人收获鲜花和掌声。

也许你也在为自己不够漂亮、不够优秀而自卑、难过，这并不可怕。人外有人，山外有山，再优秀的人也会在某个时刻或者环境中遇到更优一分的人。在这种时候，更重要的是自己绝对不可以自弃。相信自己能够飞翔，我们才能长出美丽的翅膀，飞上广阔的蓝天。

……………成长箴言

具有自卑心理的人，总觉得自己这也不行，那也不行，而别人却样样精通，什么都好；自己有这样那样的缺点和不足，而别人却完美无瑕。事实上，这样的想法是极其荒谬的。这个世界上没有完美的人：成绩不够好的人，也许歌唱得很好；不够聪明的人，也许心地善良；你也许数学不好，可是却能写出很好的文章；你相貌不出众，可你人缘很好……要知道，人人都经历过失败，每个人的内心深处都残留着过去失败所留下的伤疤。懂得了这一点，我们就不应该再把自己破裂的伤口看得那么严重；相反，我们应该正确认识自己，以客观的态度来看待自己的失败。

否定自己，你将与成功无缘

当我们看到杨澜在电视上优雅、自信地主持节目时，很多女孩都投去了羡慕的眼光，但是肯定也有不少人会有这样的想法：我这辈子肯定是没法跟她相比了，我只能普普通通地过一辈子。

真的是这样吗？其实未必。

杨澜能取得今天的这些成就，跟她自身的努力是分不开的，但是也跟她的自信有关，她相信自己能把一件事情做好，于是她去尝试了，结果她成功了。可是我们身边的很多女孩，很多事情还没来得及去尝试，就急于给自己下了一个定论："这件事情我肯定不行。""考重点高中太难了，凭我的学习成绩再努力也不行，我还是上个普通高中吧。"……

其实，杨澜的自信也不是天生就有的，而是在不断的磨炼中逐渐积累起来的。

这天，罗伯特教授接到了一个电话，是一位上初中的女孩打来的。女孩在电话里跟罗伯特教授谈了自己的学业、人际关系，也谈了自己和父母的关系。总之，她的谈话中心只有一个：“我真的什么都不行！”她很压抑，也很痛苦。

“是这样吗？”罗伯特教授问。

“是的。我和同学的关系非常不好，大家都不喜欢我。我的学习成绩很一般，老师对我视而不见。妈妈把希望寄托在我身上，我无法满足她的愿望。我喜欢的男孩不再喜欢我，我的生活里没有阳光……”女孩好像对什么都失去了希望。

“那你为什么要打这个电话？”罗伯特教授追问。

“不知道，也许是想找个人说说话吧！”女孩继续说着对自己的负面评价，“不会和人打交道；不会聊天；不想上学；幼稚乏味；什么都不懂……”罗伯特教授很纳闷：一个女孩为什么要把自己说得如此不堪呢？

经过进一步的交谈，罗伯特教授了解到女孩的父母都是老师，因而对她的要求很高，很多都是她无法实现的。在家的时候，父母经常指出她的不足，对她加以指责。慢慢地，女孩觉得自己什么都不行。经过一番交谈，罗伯特教授终于明白了她的问题所在——缺乏鼓励！一个人如果长期得不到鼓励和肯定，生活在被否定的环境中，那结果就会是——自我否定，认为自己真的什么都不行！

在电话里，罗伯特教授帮着那位女孩找到了她的许多优点——有上进心、是个懂事的孩子、说话声音很好听、很有礼貌、语言表达能力强、做事情认真、能够和人沟通……“你看看，我们才聊了一会儿，我就发现你有这么多的优点，你怎么能说自己什么都不行呢？”罗伯特教授说。

“这能算优点吗？没有人这样说过呀！”女孩惊讶地说。

“从今天开始，请把你的优点写下来，至少要写满10条。然后，每天大声念几遍，你的自信心会慢慢回来。要是发现有了新的优点，别忘了一定要加上去呀！”

女孩高兴地答应着，轻松地放下了电话。

在我们的身边，可能也有很多人像那个女孩一样，觉得自己什么都不行。

“这道题目太难了，我是不可能做出来的。”

“小A又拿了第一名，真是个天才。我什么时候才能拿到第一啊。算了吧，我的脑子……我不是那块料，不可能拿第一。”

……

在我们的身边经常有这样的声音，“我不能”、“我不行”甚至成了一些人的口头禅。你真的不可能拿到第一吗？不一定。

经常把“我不行”、“我不能”挂在嘴边，是一种十分愚蠢的做法。这是因为心理暗示的作用是巨大的，认为自己“不行”就相当于给了自己一个消极的心理暗示，你的意识就会接受这个指令，只要你的意识下命令，你的潜意识就不会和你争辩，它会完全接受这个命令，它像个无知的小孩，听不懂“玩笑”话，从而“我不行”就会逐渐地渗入你的潜意识中。时间长了，你真的会朝着那个方向发展。

所以，你永远不要说“我不行”、“干不好”、“我会失败”等话。记住：如果你想美好的事情，美好的心态就跟着来；如果你想邪恶的事，邪恶的心态就会跟着来。

…………成长箴言

如果你“认为”自己会败，你已败了；如果你“认为”自己不敢，你是不敢；如果你“想”赢，却“认为”赢不了，几乎可以断定你与胜利无缘……亲爱的女孩们，请你牢牢地记住这几句话，无论什么时候，做任何事情前，都不要急于否定自己。

Lesson 11

积极乐观是永恒的真理

生活并不像我们所想象的那样，总是充满了阳光和坦途。当你对生活失望的时候，不妨抬头看看蓝天，感受一下生命的可贵与生活的温暖，或许你就能够找到重新走下去的勇气。人生在世，谁都难免会遭受一些意外的打击，当事情已经发生并且无法挽回时，最好的办法是学会乐观，永远看到事物好的一面。

乐观，永远看到事物好的一面

有人说杨澜的美不在于她的外表，而在于她知性的气质和乐观积极的精神面貌。这话说得不无道理。杨澜是个乐观的人，她说过："有些人因为情感或工作上的挫折而让自己陷入一种不幸的思想中，这导致她们成为悲观的人，不管做什么事情都有着恐惧，怕输，或是觉得自己不会成功。一个人把自己标榜成什么样，她就只能生活在自己给自己设下的心牢里，谁有资格说自己不会成功？谁敢说自己不会成功？想成功的人都是乐观的人，悲观永远都是成功的阻碍，只有积极向上的情操才会让生活变得美好，相信明天一定比今天会好，只要你努力了，社会一定是公平的，不要抱怨生活，否则只能证明你自己没有真正地去努力。"可见，乐观与否是决定一个人成败的重要因素。

英国有一个天生乐观的人，从不拜神，令神很不开心，因为神的权威受到了挑战。他死后，为了惩罚他，神便把他关在很热的房间里。

7天后，神去看望这位乐观的人，看见他非常开心。神便问："身处如此闷热的房间7天，难道你一点也不辛苦？"乐观的人说："待在这间房子里，我便想起在公园里晒太阳，当然十分开心啦！(英国一年难得有好天气，一旦晴天，人们都喜欢去公园晒太阳。)"神不甘心，便把这位乐观的人关在一间寒冷的房间里。

7天过去了，神看到这位乐观的人依然很开心，便问他："这次你为什么开心呢？"这位乐观的人回答说："待在这寒冷的房间，便让我联想起圣诞节快到了，又要放假了，还要收很多圣诞礼物，能不开心吗？"神不甘心，便把他关在一间阴暗又潮湿的房间里。

7天又过去了，这位乐观的人仍然很高兴，这时神有点困惑不解，便说："这次你能说出一个让我信服的理由，我便不再为难你。"这位乐观的人说："我是一个足球迷，但我喜欢的足球队很少有机会赢。但有一次赢了，当时就是这样的天气。所以每遇到这样的天气，我都会高兴，因为这会让我联想起我喜欢的足球队赢了。"

神无话可说，给了这位乐观的人自由。

拥有乐观的态度，即便身处逆境，也总能找到快乐的理由。

不论处于何种境地，都不要对生活绝望，要用一种积极的心态来面对生活中的一切挫折和磨难。

的确，无论什么时候，我们都要拥有积极的心态，因为心态具有无比神奇的力量，它既可以使一个人在浑浑噩噩中奋起做事，也可以使一个人在安逸清闲中腐化堕落。你的未来将走哪一条路，决定于你的心态，决定于你是在快乐或是颓废的心态支配下的人生选择。每个人都被不同的心态所驱使。

不管生活中有哪些不幸和挫折，你都应以欢悦的态度微笑着面对。

人生的光阴只有短短几十年，但我们常常浪费很多时间，为一些一年内就能被遗忘的事情发愁，这是多么可怕的损失。

除了不能改变过去，你可以改变的事情很多，包括你的现在和未来。所以，换一个角度、换一种思维、换一份心情去生活。

经常去一些庙宇敬香的人肯定会发现有这么一尊佛像，这尊佛像与其他的佛像大异其趣。他露着大肚皮坐卧于地，咧嘴露牙地捧腹大笑，看起来特别具有亲和力及喜悦感。他便是“大肚能容，了却人间多少事；满腔欢喜，笑开天下古今愁”的弥勒佛。

没有不快乐的人生，只有一颗不肯快乐的心灵。

…………成长箴言

拥有乐观的态度，即便身处逆境，也总能找到快乐的理由。

弥勒佛之所以有令人敬服的特质，就在于他的“豁达大度”。一件事有许多角度，有好的一面，亦有坏的一面；有乐观的一面，亦有悲观的一面。就好比一个碗缺了个角，乍看之下，好似不能再用；若肯转个角度来看，你将发现，那个碗的其他地方都是好的，所以还是可以用的。若凡事皆能往好的、乐观的方向看，必将会希望无穷；反之，一味地往坏的、悲观的方向看，定觉兴致索然。

做一个乐观的人，必将拥有快乐积极的人生。

你对生活微笑，生活就会对你微笑

“我之所以高兴，是因为我心中的明灯没有熄灭。道路虽然艰难，但我却不停地去求索我生命中细小的快乐。如果门太矮，我会弯下腰；如果我可以挪开前进路上的绊脚石，我就会去动手挪开，如果石头太重，我可以换条路走。我在每天的生活中都可以找到高兴事儿。信仰使我能够以一种快乐的心态面对事物。”歌德夫人如是说。

彼得是一个快乐的邮递员，他十分喜爱自己的工作，并且做得非常好。凡地址不详或字迹不清的死信，经他辨认试投，几乎无不一一救活。彼得每天下班回到家，总是会把一天内开心的事情讲给妻子听；晚饭后，他会带着妻子和一对儿女到屋子外边去散步。他的生活像是一片晴空，没半点阴云。

可是在一个晴朗的早晨，他的小儿子病了。医生赶到，一筹莫展。第二天，孩子就死了。跟着，彼得的心也死了。他以后的生活就像是一封地址不详的死信，失去了寄托。他每天早早起床，出门上班，走路像个梦游者。他坐在办公桌前，默默办公；下班回到家，默默吃饭；吃完饭，早早上床。可他妻子知道，他常常整夜整夜看天花板。

妻子看在眼里，急在心里，对丈夫百般安慰但总是不见效。

圣诞节近了，周围的欢乐气氛也不能冲淡这一家的悲哀。本来年初便跟弟弟一起翘首盼望年尾的安，也变得沉默寡言。

一天，彼得坐在自己的屋子里分发一摊信件。他捡起一个用彩色纸做成的信封，但见上边用蓝铅笔写着“寄交天堂奶奶收”几个大字。真是来无头去无尾，彼得轻轻嘘口气，正要顺手丢到一旁，但“寄交天堂”的字样似乎把他的心触动了。他拆开信，信中写道：

“亲爱的天堂奶奶：

“弟弟死了，爸爸妈妈很难过。妈妈说好人死了到天堂，弟弟跟奶奶在一起。弟弟有玩具吗？

“弟弟的木马我不骑了，积木我也不玩了，我藏起来了，怕爸爸看见伤心。爸爸烟也不抽了，话也不说了。我爱听故事，也不要爸爸讲了，让他早点睡。有一次我听见妈妈说：‘只有主能解救他。’奶奶，主在哪里呢？我一定要找他，请他来解救爸爸的痛苦，叫爸爸仍旧抽烟，讲故事。”

这天下班时，街灯已经亮了。彼得快步回家，也没注意自己的影子一会儿在前，一会儿移后，因为他把头抬起来向前看了。他踏上门阶，没有马上推门，而是静静地站在门外，他整理了一下自己的衣服和头发，缓缓地呼出了一口气，他要让家人重新看到自己脸上久违的笑容。

很多时候环境并没有发生改变，改变的只是我们自己的心态。因为态度改变了，看问题的角度变了，所以眼睛里的风光和体会出的生活况味也就不一样了。而正是这种改变令大家拥有了不一样的人生。就像那著名的人生箴言一样，“有两个人从铁窗朝外望去，一人看到的是满地的泥泞，另一个人却看到满天的繁星。”对生活抱一种达观的态度，就不会稍有不如意，便自怨自艾了。即便不能完全选择并支配生活，但至少我们可以选择自己面对生活的态度。

大部分终日苦恼的人，实际上并不是遭受了多大的不幸，而是自己的心理素质存在着某种缺陷，对生活的认识产生了偏差。事实上，生活中有很多坚强的人，即使遭受不幸，精神上也会岿然不动。生活是喜怒哀乐之事的总和。我们必须清楚，不顺心、不如意是人生不可避免的一部分，这些都不是我们个人的力量所能左右的。明白了这一点，我们就会对生活抱一种达观的态度，而当这种态度占据一个人的心灵后，他就拥有了阳光的心态。

尽管生活不可能一帆风顺，但是只要我们的心是向着阳光的，就不会感受到悲伤。找一件自己喜欢做的事情，全身心地投入其中，这本身就是一种快乐的享受。生活需要微笑。面对人生的风雨、情感的失意、事业的低谷，不妨淡淡一笑。笑代表着乐观、达观；笑是一种胸怀；笑更是一种生活的境界；笑还是对生活的勇气和信心。给生活以微笑，生活将还你以微笑。

……成长箴言

雨果说："比海洋宽阔的是天空，比天空更宽阔的是人的心灵。"生活中的每一次沧海桑田，每一次悲欢离合，都需要我们用心慢慢地去体会、去感悟。如果我们的心是暖的，那么在自己眼前出现的一切都是灿烂的阳光、晶莹的露珠、五彩缤纷的落英和随风飘散的白云，一切都变得那么惬意和甜美，无论生活有多么的清苦和艰辛，都会感受到天堂般的快乐。心若冷了，再炽热的烈火也无法给这个世界带来一丝的温暖，我们的眼中也会充斥着无边的黑暗、冰封的雪谷、残花败絮般的凄凉。

试着发现生活的美

生活的美与丑，全在我们自己怎么看，如果你将心中的丑陋和阴暗面彻底放下，然后选择一种积极的心态，用心去体会生活，就会发现，生活处处都美丽动人。选择一种积极的心态，懂得用心去体会生活，就会发现，生活处处都美丽动人。

有一个对生活极度厌倦的绝望少女，她打算以投湖的方式自杀。在湖边她遇到了一位正在写生的老画家，老画家专心致志地画着一幅画。少女厌恶极了，她鄙薄地看了老画家一眼，心想：幼稚，那鬼一样狰狞的山有什么好画的！那坟场一样荒废的湖有什么好画的！

老画家似乎注意到了少女的存在和情绪，他依然专心致志、神情怡然地画，一会儿，他说："姑娘，来看看画吧。"

她走过去，傲慢地睨视着老画家和他手里的画。

少女被吸引了，竟然将自杀的事忘得一干二净。她从没发现过世界上还有那样美丽的画面——他将"坟场一样"的湖画成了天上的宫殿，将"鬼一样狰狞"的山画成了美丽的、长着翅膀的女人，最后将这幅画命名为“生活”。

少女的身体在变轻，在飘浮，她感到自己就是那袅袅婀娜的云……

良久，老画家突然挥笔在这幅美丽的画上点了一些黑点，似污泥，又像蚊蝇。

少女惊喜地说：星辰和花瓣！

老画家满意地笑了：“是啊，美丽的生活是需要我们自己用心发现的呀！”

你还在抱怨你生活的世界没有给你美吗？庄子说得好：“天地有大美而不言。”美到处都有，生活中不是缺少美，只是缺少发现美的眼睛。通过万花筒看世界，美得变化无穷；通过污秽的窗子看人生，到处都是泥泞。到底你的生命画布如何着色，要看你拥有一颗怎样看待世界的心。不抱怨，把天地装在心中，就能看见自然的美。

有这样一个女孩，她从小心灵手巧，在幼儿园里手工做得最好，长大之后，她还栽种花草，养小动物，她在存满阳光和爱的世界里成长。但是在16岁那年，她突然患上了后天性心脏病住在医院里：她头发枯黄得如秋后的野草，脸蜡黄得像一张陈年的旧报纸，唯一神气的是她的眼睛，虽然深陷了许多，但仍不停地忽闪忽闪。但是从小女孩的脸上，并不能寻找到她病着的痛苦，每天她的笑声洒满了病房，真是个天真无邪的孩子。

一天傍晚，她看见清洁工正拎着七八只花篮往外走，小女孩从中拣出了9朵还没有完全凋零的菊花，她把花小心翼翼地放在床上，然后忙开了：洗罐头瓶，试着插花，足足忙了20分钟。她擦着额头的汗水让大家看，顿时，人们全瞪大了眼——背阴的窗台上的罐头瓶中被小女孩用9朵菊花插成了一个黄圈。她不无自豪地说：“这是一轮菊花太阳，今后，我们不会再冷了！”一下子，病房里的人们心中真的暖融融的，仿佛冬天的太阳正灿烂地照耀着整个病房。小女孩手术前对一个病友说：“叔叔，你能不能在我手术期间照顾好我的菊花太阳，病房里的爷爷奶奶需要它来暖心……”

著名的法国雕塑家罗丹说：美无处不在，世界上并不缺少美，只是缺少发现美的眼睛，小女孩身患重病之际仍然能发现鲜花的美，发现生活的美。一个人如果具备了发现美、享受美、创造美的能力，这样的人的心灵世界里会充满阳光、爱、愉悦、和谐和恬静。

学会发现生活的美，其实是很重要的。只有当你发现生活的美后，你才会更加热爱生活。面对困难时你才会坦然面对，不被困难打倒，才不会丧失前进的勇气，才会更加努力地去追求美好的生活，才会拥有美好的生活。

发现生活的美并不难，有时看看阳光明媚的天空，就会感到生活十分美好，其实这时你已经拥有发现美的眼睛。只要坚信生活是美的，凡事多看看事物好的那一面，你便会感到生活的美。生活中处处充满阳光，只需每天对自己说几句：我好幸福，我很快乐。只需每天对别人说上几句：你真好。渐渐地你会忘掉生活中的烦恼，会感受生活中的阳光，会拥有那双善于发现美的眼睛。

生活中有酸甜苦辣，生活中有艰难险阻，但这些只是生活的调味剂，何不仔细品一品生活在这酸甜苦辣的调配下是不是很美味？只有真正爱生活的人才能发现生活的美。

成长箴言

这个世界从来不缺乏美丽，缺乏的只是美丽的心情。只要心怀美好，“每一滴水都折射出一个多彩的空间，每一双眼睛都嵌进一个多彩的世界，每一条泛着清丽旋律的小溪都闪烁着美的光辉。不要空叹人世的无奈，且用美丽的心情来看待人世的繁华多彩，细细品味那无处不在的美吧！

快乐其实很简单

每个女孩都希望自己每天能快快乐乐地生活，但快乐是从何而来的呢？从温馨的家庭中来，从温暖的友谊中来，从富有挑战性的学习中来……其实快乐无处不在，生活中到处充满了快乐：买到自己喜欢的漂亮衣服；吃到自己想吃的美味食物；想睡的时候，睡一大觉；想玩的时候，尽情去玩；有自己喜欢的宠物，有无话不谈的知己；考试取得了好成绩……只要有其中之一，就可以算有令人快乐的理由了。

杰瑞是美国一家餐厅的经理，他总是有好心情，当别人问他最近过得如何，他总是有好消息可以说。

当他换工作的时候，许多服务生都跟着他从这家餐厅换到另一家。为什么呢？因为杰瑞是个天生的激励者，如果有某位员工今天运气不好，杰瑞总是适时地告诉那位员工往好的方面想。

有人问他："没有人能够总是这样积极乐观，你是怎么做到的？"

杰瑞回答说："每天早上我起来告诉自己，我今天有两种选择，我可以选择好心情，或者我可以选择坏心情，我总是选择好心情。即使有不好的事发生，我可以选择做个受害者，或是选择从中学习，我总是选择从中学习。每当有人跑来跟我抱怨，我可以选择接受抱怨或者指出生命的光明面，我总是选择指出生命的光明面。"

有一次杰瑞遇到了一件令大家意想不到的事：

有一天他忘记关上餐厅的后门，结果早上有三个武装歹徒闯入餐厅抢劫，他们威胁杰瑞打开保险箱，由于过度紧张，杰瑞弄错了一个号码，造成抢匪的惊慌，开枪射击杰瑞，幸运的是杰瑞很快被邻居发现，紧急送到医院抢救，经过18个小时的外科手术，杰瑞终于出院了，但还有颗子弹留在他身体里……

有人问他当抢匪闯入的时候，他想到了什么。

杰瑞答道："我第一件想到的事情是我应该锁后门，当他们击中我之后，我躺在地板上，还记得我有两个选择：我可以选择生，或选择死，之后我选择活下去。"

杰瑞继续说："医护人员真了不起，他们一直告诉我没事，让我放心。但是当他们将我推入紧急手术间的路上，我看到医生和护士脸上忧虑的神情，我真的被吓坏了，他们的眼神好像写着——他真可怜，还不知道自己已经快完蛋了。我知道我需要采取一些行动。"

"当时你做了什么？"有人问。

杰瑞说："嗯！当时有个护士用吼叫的音量问我一个问题——她问我是否会对什么东西过敏。"

"你如何回答？"

"我回答：'有。'"

这时医生跟护士都停下来等待杰瑞的回答。

杰瑞深深地吸了一口气喊着："子弹。"

这时医生和护士都在笑，脸上的忧虑神情都渐渐消失了，听他们笑完之后，杰瑞告诉他们："我现在选择活下去，请把我当做一个活生生的人来开刀，而不是一个活死人。"

其实，快乐就在我们每个人的身边，选择快乐，抓住快乐，你就是一个幸福的人！

林肯曾经说过境由心造，你的心里有多快乐，你也就会得到多少快乐。如果你想让自己不开心，那你时时刻刻都可以不开心。而且，这也是世界上最容易做到的事情。你可以告诉自己什么事情都不顺利，没有什么事情让自己满意，那么，你肯定开心不起来。但是，如果你对自己说“事情进展良好，生活也不错，所以，我选择开心”，那么，你肯定就会快乐起来。

俄国作家索洛克勒曾用羡慕的口吻对列夫·托尔斯泰说：“您应该是世上最快乐的人，您所爱的一切您都有了。”托尔斯泰说：“不，我并不具有我所爱的一切，只是我所有的一切都是我所爱的。”

国外一家报纸曾以“世界上最大的快乐是什么？”为题，作有奖征答。结果，在成千上万份来信中，获奖的四个答案是：当一位艺术家完成了一件作品，望着作品吹口哨的时候；小孩在海滩上用沙土筑成一座堡垒；母亲忙碌了一天，到了晚上替自己的小孩洗个澡；外科医生完成一个手术，终于救活了一条命。

世界上最大的快乐竟是如此简单，简单得让人难以置信。其实仔细想来，每个人一生中有着无数的追求、做了无数的事情，而真正的快乐，却不在财富之上，不在权力之巅，而在这简单而平凡的生活之中，在艺术创造之中，在孩子游戏之中，在深深母爱之中，在救人性命之中。

快乐是人生永恒的主题，无论生活给我们笑脸，还是给我们苦酒，我们都要保持一种快乐的心情，做个快乐的俏佳人最好，只要我们快乐，就能永葆青春与健康！

成长箴言

每个人都想快乐。快乐像一个使者，能让我们忘掉烦恼和痛苦。有许多人，与生俱来就有许多让他快乐的因素；也有许多人，一生漂泊一生落魄，好像注定与快乐无缘。然而，只要你用心去寻找，很快就会发现：快乐其实很简单。

当我们费尽心思，想要找快乐的时候，快乐就像在跟我们捉迷藏，你永远也找不到它。然而，当你把快乐放在一边，专心做其他事的时候，它就会突然出现在你的身边。正所谓，踏破铁鞋无觅处，得来全不费工夫。在学习中寻找快乐，在生活中寻找快乐，其实快乐无时不有，无时不在。

Lesson 12
承认这个世界的不公平

生活是不公平的。公平只是人们的一种理想，生活中的不公平是客观存在的。许多不公平的经历，我们是无法逃避的，也是无法选择的。我们只能接受已经存在的事实并进行自我调整。面对生活的不公平，要学会接受它、适应它。

承认这个世界的不公平

我们所见到的杨澜，总是那么笑意盈盈、优雅淑女，仿佛从来没经历过什么挫折和磨难。但事实上，谁都不可能一帆风顺，关键要看你怎么去面对。杨澜就曾说过：“生活里会遇到很多不公平的事情，也会遇到很多让你无法接受的人，我们不能试着去改变别人，与其非常愤怒地大声指责别人的行为，不如怀着理解的心态给对方一个微笑，任何一个人都不会去伤害一个善良的人。声嘶力竭地与别人争论并不能赢得所谓的自尊，反而让你丢掉自尊。”可见，不公平的事谁都会遇见，问题的关键是我们以怎样的心态去面对它。

生活中，我们经常能听到许多人抱怨生活的不公平：“为什么我会生在这样一个贫困的家庭？”“为什么我没有我同桌聪明？”“为什么我做得最多，获得的却最少？”“为什么我学习这么刻苦，而成绩却总不理想？”“我好心帮助别人，为什么总得不到回报？”……诸如此类的抱怨在我们的身边层出不穷。

要知道，公平是人们的一种理想，生活中的不公平是客观存在的。许多不公平的经历，我们是无法逃避的，也是无法选择的。我们只能接受已经存在的事实并进行自我调整，否则，抗拒不但可能毁了自己的生活，而且还会使你的精神崩溃。与其用生命中的大好时光去做徒劳无益的挣扎，还不如默然视之，用这些精力去做更有意义的事。因此，在面对生活的不公平时，要学会接受它、适应它。

孔雀向王后朱诺抱怨。她说：“王后陛下，我不是无理取闹来诉说，您赐给我的歌喉，没有任何人喜欢听，可您看那黄莺小精灵，唱出的歌声婉转，它独占春光，风头出尽。”

朱诺听到孔雀这么说，严厉地对它说：“你赶紧住嘴，嫉妒的鸟儿，你看你脖子四周，如一条七彩丝带。当你行走时，舒展的华丽羽毛，出现在人们面前，就好像色彩斑斓的珠宝。你是如此美丽，你难道好意思去嫉妒黄莺的歌声吗？和你相比，这世界上没有任何一种鸟能像你这样受到别人的喜爱。一种动物不可能具备世界上所有动物的优点。我们赐给大家不同的天赋，有的天生长得高大威猛；有的如鹰一样勇敢，鹊一样敏捷；乌鸦则可以预告未来之声。大家彼此相融，各司其职。所以，我奉劝你去除抱怨，不然的话，作为惩罚，你将失去你美丽的羽毛。”

生活是不公平的。我们许多人所犯的一个错误便是为了自己或为他人感到遗憾，认为生活应该是公平的，或者终有一天会是公平的。其实不然，现在不是，将来也不会。

承认生活并不公平这一事实的一个好处便是它激励我们尽己所能去做事，而不是自我感伤。面对生活，永远不要忧虑，不要发牢骚。如果我们一直向上看，生活积极乐观，学习勤奋努力，就一定会得到幸福。地底下的种子从来不怀疑，总有一天它会破土而出。它从来不问自己，怎么才能突破压在头上的厚厚的土层；它也从不抱怨成长的过程中碰到那些顽固的石头和沙砾，而是不断地把自己柔嫩的绿芽一点一点向上顶出，透过石头和沙砾，坚韧勇敢地生长着，直到露出地面，长出枝叶，并开花结果。

生活中，我们在遇到困难的时候，首先不要做的就是怨天尤人。我们应努力地去寻找突破困难的方法，这件事情为什么这么糟，问题出在哪里，应该怎么办，怎么去突破可能出现的问题，虚心地向别人请教；出了问题从自身找原因，分析原因，寻求解决的办法，这样才能真正地不断向成功迈进，如果这样做的话，成功也会不断地光顾你的。

少一份抱怨，多一份思考和努力，这样的生活才会惬意。

画家列宾和他的朋友在雪后去散步，他的朋友瞥见路边有一片污渍，显然是狗留下来的尿迹，就顺便用靴尖挑起雪和泥土把它覆盖了，没想到列宾发现时却生气了，他说："几天来我总是到这来欣赏这一片美丽的琥珀色。"在我们生活中，当我们老是埋怨别人给我们带来不快，或抱怨生活不如意时，想想那片狗留下的尿迹，其实，它是"污渍"，还是"一片美丽的琥珀色"，都取决于你自己的心态。

置身不如意环境中的女孩们，请停止抱怨这个世界的不公平，开始面对现实，把握机会充实自己吧。不要对自己目前的东西抱怨或不满，它们可能是贫乏的、不好的，但既然没有办法可以弄到更好的，你就只有珍惜既有的一切，从中去发现出路和希望。不重视现在，就不会有可以期待的未来。

成长箴言

你是不是认为生活对你不公平？别人上学车接车送，自己却要去挤公共汽车；别人可以全家人都开开心心地生活在一起，而自己的爸爸妈妈却因整天忙于工作而难得与你见上一面；别人生活在城市，自己却生活在农村……

其实，你完全没有必要为这些事情感到难过。一位哲人说过，只要活着就值得感谢。如果我们把生活中遇到的磨难和挫折当做“一份小礼物”，那么我们的生活会减少多少不必要的烦恼啊。

人生如花开花谢，潮起潮落，有得便有失，有苦也有乐。

与其声嘶力竭，不如莞尔一笑

莎士比亚曾说：“不要因为你的敌人燃起一把火，你就把自己烧死。”留心四周，我们随时可以找到正在生气发怒的人们。我们每个人都避免不了生气动怒。商店里，也许顾客正在和营业员吵架；出租车上，司机也许正因交通堵塞而满脸怒色；公共汽车上，也许两人正在为抢占座位而大打出手……此种情形，举不胜举。那么你呢？是否动辄就勃然大怒呢？

我们来看看杨澜是怎么做的吧。

还是中学的时候，一天放学后，杨澜去市场买菜。远远地，她看见有一列长长的队伍，她很好奇，走过去问排在队尾的阿姨：“阿姨，前面卖的是什么呀？”阿姨说：“新出的嫩豆腐，可好吃了！”杨澜一听乐了，父母都喜欢吃豆腐，“嫩豆腐”一定会让他们更高兴。于是，杨澜就排在队伍里，耐心地等着。

终于轮到杨澜了，她把钱递给售货员，说：“阿姨，我就买半斤。”

“粮票呢？”售货员不耐烦地问。

“阿姨，买豆腐还要粮票？”

“你怎么什么也不懂，没粮票买什么豆腐呀！”望着售货员阿姨冷漠的神情，杨澜只好作罢，但是忍不住流下了委屈的泪水。

回到家，杨澜把买豆腐的经过跟父母说了，妈妈没有责怪售货员阿姨对杨澜的态度，而是安慰她说：“你不用生气，拿着粮票再去就是了。售货员阿姨的态度不好，可能是遇到了什么不顺心的事儿，你不要怪她。”听了妈妈的一番话，杨澜不那么难过了，也明白了做人要宽容的道理。

后来，杨澜时刻都谨记母亲的教导——做人要宽容。以忍耐和宽容去面对这个社会，就是杨澜保持优雅平和的秘诀。

俗话说：“生气就是拿别人的错误来惩罚自己。”这可是有科学依据的！

美国生理学家爱尔马设计了一个很简单的实验：把一支玻璃试管插在装有冰水混合物的容器里，然后收集人们在不同情绪状态下的“气水”。研究发现：当一个人心平气和时，他呼吸时水是澄清透明无杂的；悲痛时水中有白色沉淀；悔恨时有蛋白质沉淀；生气时有紫色沉淀。爱尔马把人在生气时呼出的“生气水”注射到大白鼠身上，12分钟后，大白鼠竟死了。由此爱尔马分析认为：“人生气时的生理反应十分强烈，分泌物比任何情绪分泌的都复杂，都更具有毒性。因此生气的人很难获得健康，更难长寿。”

震惊于实验结果的同时，我们更要清楚，我们每一个人，面对生活中的各种困惑、烦扰，都应该学会宽容、学会理解、学会忍让、避免生气，牢记“气大伤身”，用宁静的、博爱的心态，对待世间事，烦恼自会远离。

不错，何必为别人背沉重的包袱，何必为别人犯下的错误承担责任，其实，人只要肯换个想法，转移一下视角，就能让自己有新的心境。

生活中，假如别人伤害了自己，千万不要只会怨恨，关键是要学会宽容，并避免被别人再次伤害。心胸太狭窄，绝对是一件坏事。报复心太强烈，只能害自己。宽容别人不仅是自己的一种美德，更是让自己健康长寿的秘诀。有人曾经说过，宽容的女人最美丽。如果你想做一个美丽的女孩，那就学会宽容吧。

…………成长箴言

宽容是一种修养，更是一种美德。卡莱尔说过："一个伟大的人，总是以他对待小人物的方式，来表示他的伟大。"面对别人的冒犯，一个宽容的人能够时刻保持谦恭有礼的态度，事实上，他们之所以能够取得成功，也是和这种宽容的胸怀分不开的。

只有谅解和接受曾经伤害过你的人，才能获得心灵上的自由。如果内心一味地充斥着对别人的仇恨，不肯原谅曾经伤害过你的人，不但会使别人生活在痛苦之中，自己的心灵也无法得到解脱。

学会宽容，你的人生会很快乐。

面对生活，时刻保持平常心

成功离不开良好的心态。小时候，杨澜的父母对她没有什么过高的要求，只希望她成为一个平凡的好人，无论事业成功与否，都要保持一颗平常心。杨澜始终都是这样做的。如今，她早已从一个普通女孩，变成了功成名就的"女强人"，但是她的平常心却始终没有改变。

生活是多彩的。在大千世界、芸芸众生中，我们经常看到截然不同的两种处事方式：在成功的掌声和鲜花面前，有的人以此为动力攀登不息，有的人则飘飘然而踟蹰不前；在挫折和打击面前，有的人卧薪尝胆、再度崛起，有的人则万念俱灰、一蹶不振；在权力面前，有的人如履薄冰谨慎从事，有的人则目空一切、得意忘形……究其原因，无外乎是否拥有一颗平常心。

1898年，居里夫妇发现镭。1903年12月，居里夫妇因此而共同获得了诺贝尔物理学奖，此后世界各地纷纷来信索求制镭的方法。怎样处理这件事呢？某个星期日的早晨，他们进行了5分钟的谈话。彼埃尔·居里平静地说："我们必须在两种决定之中选择一个。一种是毫无保留地叙述我们的研究结果，包括提炼办法在内……"居里夫人做了一个赞成的手势说："是，当然如此。"居里继续说："或者我们可以以镭的所有者和发明者自居。若是这样，那么，在你发表你用什么方法提炼铀沥青矿之前，我们须先取得这种技术的专利执照，并且确定我们在世界各地制镭业上应有的权利。""专利"代表着巨额的金钱、舒适的生活，代表着可以为子女留下一大笔遗产……但是，居里夫人坚定地说："我们不能这样办，这违背科学精神。"无疑，如果居里索要专利，可以获得巨大财富。

居里因意外去世后，居里夫人坚强地一个人担负起了两个人的工作，并设法做得更好，她的工作条件依然很艰苦，而且，还要经受外界的讽刺和挑战。经过10个月的刻苦钻研，她又一次成功地得出了新的关于放射性元素的实验论证，有力地驳斥了另一位化学家的错误论断和挑战。这一次的研究成果也再次受到世界科学界的重视。1911年，瑞典科学院的评判委员会，再次授予她诺贝尔化学奖，并取得"镭王后"的称呼。

1921年，居里夫人应邀访问美国时，美国妇女组织主动捐赠给她1克镭（价值百万美元以上），这正是她急需的。她虽然是镭的发现者，但她买不起这样昂贵的金属。在赠送仪式之前，当她看到"赠送证明书"上写着"赠给居里夫人"字样时，她不高兴了。她声明说："这个证书还需要加以修改。美国人民赠给我的这1克镭应当永远属于科学，但是假如就这样规定，这1克镭就成为私人财物，成为我的女儿们的产业，这是绝对不行的。”主办者当天晚上就请了一位律师，把证书做了修改，居里夫人才在“赠送证明书”上签了字。

居里夫人两次获得20世纪学者的最高荣誉，18次获得国家奖金，她还被授予117个名誉头衔，独步科学尖端。对于名利，居里夫人总能保持一种平常的态度，从不为得到的荣誉而自满。面对命运中巨大的艰辛和荣誉，居里夫人常常谦逊地说：“的确有过一些凄风苦雨的日子，那也是我一生中最难耐的时光。回想起来使我感到欣慰的是，我堂堂正正地昂起头颅脱身出来。”连爱因斯坦都赞誉她说：“在所有的著名人物中，居里夫人是唯一不为荣誉所倾倒的人。”

居里夫人曾自豪地说：“我没有给孩子们留下万贯家产，但给她们留下了健康的身体。”后来她的两个女儿，一个荣获了诺贝尔化学奖，一个曾著《居里夫人传》，都成为对社会有杰出贡献的人。居里夫人凭借对事业的执著和对科学精神的坚持，战胜了一个又一个科学上和生活中的难题，不仅为人类科学的进步作出了杰出的贡献，更为人们树立了一个做人的楷模。平常心并不是与生俱来的，它是经历磨难、挫折后的一种心灵上的感悟，一种精神上的升华。人的内心会时常由于外物的变化而起伏波动，能在如今这样瞬息万变的世界中，保持一个平常性情，“不以物喜，不以己悲”，宠辱不惊，实在是一种了不起的人生境界。

无论处于何种环境下，都能拥有平常心，那一定是个了不起的人。

人生在世，谁都会遇到许多不尽如人意的烦恼事，关键是你要以一份平常心去面对这一切。世界总是凡人的世界，生活更是大众的生活。我们应在平常心中寻找一份希望，驱散心中的阴霾。

平常心就是对人对事看得开，想得开，不斤斤计较生活中的得失，超脱世俗困扰、红尘诱惑，视功名利禄为过眼云烟，有登高临风、宠辱不惊的胸怀。这样的心理状态，不是看破红尘、心灰意冷，也不是与世无争、冷眼旁观、随波逐流，而是一种修养、一种境界。拥有一颗平常心，笑对一切，即使失去一些东西也不要一蹶不振。无论遇到多大的困境与挫折，都要坚信一切会好起来。这样就会赢得一个广阔的心灵空间，得而不喜，失而不忧，从而把自己的人生提升到一种看淡得失的境界。

…………成长箴言

平常心贵在平常，波澜不惊，生死不畏，于无声处听惊雷，平常心是一种超脱眼前得失的清静心、光明心。贫贱不能移，富贵不能淫，威武不能屈。安贫乐富，富亦有道。无论处于何种环境下，都能拥有平常心，那一定是个了不起的人，就如孔子所赞美的，不是个圣人，也是个贤人。只要我们努力，就能够以平常心去对待纷杂的世事和漫长的人生，至少也能够做到以平常心跨越人生的障碍。

接受现实是成熟的开始

世界上的很多东西都不是完整的，而这些很多的不完整也就促成了人间的烦恼甚至是悲剧。比如，人的寿命是有限的，并不像传说中所描述的那样可以得到永生。也正是因为如此，很多人并不甘心，总是在想方设法改变这些事实。古代皇帝就曾经到处寻找长生不老的秘方，可到最后，还是逃脱不了宿命。

我们必须接受无法改变的现实。要想在自己有限的生命中做一点事情，首先就应该认识到人生有限、时光飞逝的现实。

在旁人眼里，米利安就像是一个怪物。因为她出生时患了脑瘫，6岁之前全身的运动神经受到了伤害，口水常常不停地向外流，也失去了发声说话的能力。但米利安没有让这些外在的痛苦毁掉她的生活。在小学二年级的时候，老师启发她画画，她觉得自己能在这方面有所成就，于是开始作画。中学毕业后，米利安进入洛杉矶学院和加州州立大学研读艺术。在付出比常人百倍的努力之后，米利安获得加州大学艺术博士学位，而她的画展也轰动了世界。

在一次演讲会上，一个中学生问她："博士，你从小就长成这个样子，请问你怎么看你自己？你难道从来就没有怨恨过吗？"

在场的很多人都责怪这个学生提出了这么让人尴尬的问题，出乎众人意料的是，不能说话的米利安嫣然一笑，在黑板上龙飞凤舞地写下了这么几行字："我好可爱！我的腿很长很美！爸爸妈妈这么爱我！我会画画，我会写稿！我有一只可爱的猫！上帝爱我！……"最后，她以一句话做结论："我只看我所有的，不看我所没有的！"

不幸让米利安从小懂得，身体上的缺陷是无法改变的，不如拥有一颗快乐的心。这样的成熟与泰然，几人能有？在现代社会中，残酷的现实随时存在。我们唯一应该做的就是接受已经发生的、不可改变的现实，并从这个现实出发，再作另行考虑。而不是在那里给自己太多的假设和如果，或者是心有不甘而想着要如何才能回到过去。这样做既不能如你所愿真的回到过去，又会浪费你宝贵的时间，与其这样，还不如接受这个失败的现实，然后开始新生活。

1972年新加坡旅游局呈交给当时的新加坡总理李光耀的一份报告中说：新加坡没有埃及的金字塔，没有中国的长城，没有日本的富士山，也没有夏威夷十几米高的海浪，新加坡除了一年四季高射的阳光，什么名胜古迹都没有，要发展旅游业，实在是巧妇难为无米之炊。然而，李光耀在报告上批示：拥有阳光就足够了！后来，新加坡利用那一年四季直射的阳光，种花种草，很快发展成为世界上著名的"花园城市"，成为众多游客的目的地。直到现在，旅游收入一直是新加坡经济中的重要部分。

当一个人心中有了阳光的时候，也就足够了，或者说一个人具备了阳光心态才能做到很坦然地接受现实。也正是因为如此，那些阳光的人更容易成功，而这其中更是包含了两种智慧，也正是这两种智慧让我们显得成熟。

首先是一种理解放弃的智慧。

放弃在很多时候都有一定的优势，世界上的很多东西，并不是我们想要得到就能得到的，我们需要适时地放弃。人生中要经历无数次的选择与放弃，不懂得适时地放弃就不会看到人生更美的风景。

其次就是要懂得不要一味追求完美。

完美在很多时候都是做人做事的最高理想、最高境界，可等你真的向那个目标进发的时候，你会发现其实现实并不是你所想象的那样美好。“完美本身其实就是一种不完美”，因为过多地苛求自己不但会影响到自己的发展，使得自己身心疲惫，同时在追求的过程中也会让周围的人跟着同样地劳累。完美主义是一种枷锁，扣在完美的身上作威作福。不要奢望“鱼和熊掌兼得”的完美，有时候完美并不等同于美丽，却恰恰是缺憾的验证。让我们不能接受事实，也不能满足于现状，以至减少了很多成功的机会。

你可能没有显赫的家庭，没有聪明的头脑，没有出众的外貌……但这一切都没有关系，这是你的现实，是你不管怎样都无法重新设计的；但是你还有无限的空间和足够多的机会去改变这一切。如果你连现实都无法看清，又如何脚踏实地地改变这一切？

……………成长箴言

泰戈尔说："不要让我祈求免遭危难，而是让我能大胆地面对它们。"生活中，我们会遇到许多不公平的经历，而且许多都是我们无法逃避的，也是无所选择的。因此，在我们无法改变不公平和不幸的厄运时，要学会接受它、适应它。

荷兰阿姆斯特丹有一座15世纪的教堂遗迹，里面有这样一句让人过目不忘的题词："事必如此，别无选择。"命运中总是充满了不可捉摸的变数，如果它给我们带来了快乐，当然是很好的，我们也很容易接受。但事情却往往并非如此，有时，它带给我们的会是可怕的灾难，这时如果我们不能学会接受它，反而让灾难主宰了我们的心灵，那生活就会永远地失去阳光。

Lesson 13

波澜起伏才是真正的人生

不经历风雨，怎么见彩虹？人生的路，总是风雨交加、波澜起伏，困难坎坷时常来袭。困难既然避之不及，不妨把它当做一次挑战，把接受挑战、战胜困难当做是我们的责任。勇于迎接挑战，从困难中汲取力量，从而迅速成长起来。

磨难是不可避免的

阳光卫视是杨澜人生中第一次也是最大的挫败。在接近两三年的时间里，她每天工作16个小时，怀孕了还坐在谈判桌旁跟人谈判。“有人说，战士和商人不同，战士坚守阵地，直到流尽最后一滴血，而商人就像置身于一个舞厅，随时要想到出口在哪里。而我在商场就像战士一样坚持着。”可是公司仍然在亏损。有时候出去旅行，她都会走神。

经过一个又一个漫漫长夜，她决心放弃，决心承认失败。如今谈起那段往事，杨澜很平静，经历了那次磨难，她变得更加坚强和睿智。

杨澜的经历告诉我们，人生的磨难是不可避免的。如果你因为害怕暗礁而躲在港湾中，这样做虽然不会有什么危险，但是你永远无法到达渴望的目的地。

在一棵干枯的桑树上住着一只蜗牛，这只蜗牛自出生以来，就一直住在这棵树上。一天，风和日丽，蜗牛小心翼翼地伸出头来看了看，慢吞吞地爬到地面上，把一截身子从硬壳里伸到外面，懒洋洋地晒太阳。

这时，蚂蚁正在紧张地劳动，一队接着一队急速地从蜗牛身边走过。看见蚂蚁在阳光下来回走动的样子，蜗牛不觉有些羡慕起来，于是，它放开嗓门对蚂蚁说："喂，蚂蚁老弟，看见你们这样，我真羡慕你们啊！"

一只蚂蚁听到了，就停在蜗牛旁边，仰着头对蜗牛说："来，朋友，咱们一起干活吧！"蜗牛听了，不由自主地把头往回缩了一下，有点惊慌地说："不，你们要到很远的地方去，我不能跟你们一起去。"

蚂蚁奇怪地问："为什么啊？走不动吗？"

蜗牛犹豫了半天，吞吞吐吐地说："离家远了，要是天热了怎么办呢？要是下雨了怎么办啊？"

蚂蚁听了，没好气地说："要是这样，那你就躲到你的那个硬壳里好好睡觉吧！"说完，匆匆追赶自己的大部队去了。

对蚂蚁的话，蜗牛倒也不怎么在乎。不过，蜗牛实在想到远处看看。经过深思熟虑之后，蜗牛终于大着胆子把自己的另一截身子也从硬壳里伸了出来。正在这时，几片树叶落在地上，发出轻微的响声，蜗牛吓得像遭遇了雷击一样，一下子就把整个身子缩回硬壳里去了。

过了好久，蜗牛才小心翼翼地把头伸到外面，外面仍然像先前一样晴朗和宁静，并没有发生什么事情。只是蚂蚁已经走得很远了，看不见了。

蜗牛悠悠叹了一口气说："唉！我真羡慕你们啊！可惜我不能和你们一起走。"说完，依旧懒洋洋地晒太阳。

人类的心理有时和蜗牛的心理差不多，对于挫折总是下意识地逃避，就好像手碰到火、触到电会缩回去一样。但是人生的磨难和挫折不会因为你逃避它就消失，相反，它还会因为你的逃避而由意识变为潜意识，再不知不觉地由潜意识变成无意识，最终它会一辈子跟随你，干扰你的正常生活。所以碰到挫折，解决的方法只有一个，就是勇于去面对。大胆面对挫折，想办法去克服它，它就会慢慢消失。

也许现在正在学习钢琴的你，每天都得坐在钢琴旁，一边弹奏着贝多芬的《英雄》，边又暗自抱怨它是如何难以驾驭。但你有没有想过，谱写《英雄》的贝多芬那时候已经双耳失聪，正是靠着坚强的意志才完成了这部伟大的作品。人生的磨难是不可避免的，磨难可以终结一个人的成功，同样也可以开创一个人更辉煌的未来。

人并不是生来被打败的。真正的强者不会畏惧在人生的道路上袭来的暴风骤雨。正处在成长阶段的女孩们，在通往成熟、成功的道路上，也一定会遇到各种困境，但是困难更能磨炼我们的意志、锻炼我们的品格、丰满我们的羽翼，让我们的梦想飞得更高！

……………成长箴言

做任何事情都不会一帆风顺，坎坎坷坷、跌宕起伏、突如其来的风险都会光顾我们。生活中，遇到各种意想不到的困难和打击也是在所难免的，挫折来了，我们应该以积极的心态面对它，知道应该如何调补自己的心灵。

挫折、失败并不可怕，可怕的是在挫折、失败面前一蹶不振。让我们勇敢地面对挫折，去迎接人生道路上的种种挑战吧！

从容，以一种花开的姿态

花开无声，花落无言。面对伴随成功而来的祝贺和荣耀，坦然平静地接受；面对打击、磨难、诽谤和压制，心平气和地接纳。把成功看做上苍的奖赏，把挫折看做上苍给自己的考验。这样的人生境界恐怕是很多人都想达到的，杨澜做到了，不论成功还是失败，她都能从容地面对。

一次，某人从农村搭乘运东西的车子回城里，车到中途，忽然抛锚，那时正是夏天，午后的天气，闷热难耐。在烈日炎炎的公路上无法前进，真是让人着急。他一看情形，就知道急也没有用，反正得慢慢等车子修好才可以走。于是，他问了问司机，知道要三四个小时才可以修好，就独自步行到附近的一条河里游泳去了。河边清静凉爽，风景宜人，在河水中畅游之后，暑气全消。等他游泳尽兴回来，车子已修好待发，趁着黄昏晚风，直驶城里。之后，他逢人便说："那真是一次愉快的旅行！"

假如换了别人，在这种情形下，可能只好站在烈日之下，一面抱怨，一面着急，而车子也不会提早一分钟修好，那次旅行也一定是一次痛苦、烦恼的旅行。

环境和遭遇常有不尽如人意的时候，问题在于一个人怎样面对拂逆，知道人力不能改变的时候，就应面对现实、随遇而安。与其怨天尤人、徒增苦恼，还不如因势利导、适应环境，在既有的条件下，尽自己的力量和智慧去发掘乐趣。

奥地利作曲家舒伯特说过："只有那些能安详忍受命运之泰者，才能享受到真正的快乐。"当我们处于不可改变的境遇时，只有勇敢面对，从容地开拓，才能求得快乐宁静。

有位修行很深的禅师叫白隐，无论别人怎样评价他，他从不加以争辩，每次都只是淡淡地说一句："就是这样吗？"

在白隐禅师所住的寺庙旁，住着一家三口，女儿年方18，长得如出水芙蓉，上门提亲的不少，老两口都不满意，便都回绝了。无意间，夫妇俩发现尚未出嫁的女儿竟然怀孕了。这种见不得人的事，使得她的父母震怒异常！在父母的一再逼问下，她终于吞吞吐吐地说出"白隐"两字。

她的父母怒不可遏地去找白隐理论，但这位大师仍不置可否，只若无其事地答道："就是这样吗？"孩子生下来后，就被送给白隐。此时，他的名誉虽已扫地，但他并不以为然，只是非常细心地照顾孩子——他向邻居乞求婴儿所需的奶水和其他用品，虽不免横遭白眼，或是冷嘲热讽，他总是处之泰然，仿佛他是受托抚养别人的孩子一样。

事隔一年后，这位没有结婚的妈妈，终于不忍心再欺瞒下去，她老老实实地向父母吐露真情：孩子的生父是街北的一位青年。

她的父母立即将她带到白隐那里，向白隐道歉，请他原谅，并将孩子带回。

白隐仍然是淡然如水，他只是在交回孩子的时候，轻声说道："就是这样吗？"仿佛不曾发生过什么事；即使有，也只像微风吹过耳畔，霎时即逝。

白隐为给邻居女儿以生存的机会和空间，代人受过，牺牲了为自己洗刷清白的机会，受到人们的冷嘲热讽，但是他始终处之泰然，"就是这样吗？"这平平淡淡的一句话，就是对"宠辱不惊"最好的解释，而我们现代人缺乏的正是这一点。

从容是一种人生境界，它使人无论身处顺境还是逆境，都能保持一份平常心，清醒理智地面对现实。

平淡对待得失，冷眼看尽繁华，畅达时不张狂，挫折时不消沉。在人生的历练中涵养淡定从容的定力，在潮起潮落的人生舞台上，举重若轻，击节而歌"采菊东篱下，悠然见南山"，以一份洒脱娴静的心态来面对喧嚣的红尘。落花无语，留香阵阵，以淡定从容的态度面对人生，这种境界也许难以企及，但是我们应该走在追求这种境界的路上。

……………成长箴言

不要幻想生活总是那么圆圆满满，也不要幻想在生活的四季中享受所有的春天，每个人的一生都注定要跋涉沟沟坎坎，品尝苦涩与无奈，经历挫折与失意。

在漫漫旅途中，失意并不可怕，受挫也无须忧伤，只要能保持从容的心态，只要心中的信念没有萎缩。艰难险阻是人生对你另一种形式的馈赠，坑坑洼洼也是对你意志的磨砺和考验。落英在晚秋凋零，来年又灿烂一片；黄叶在秋风中飘落，春天又焕发出勃勃生机。

快乐不是拥有得多，而是计较得少

2008年奥运会期间，杨澜采访了很多人，但是给她印象最深刻的是菲尔普斯和埃蒙斯夫妇。“因为在我们看来，他们一个豪情万丈，一个悲情到了极点，但其实在他们自己眼里，无所谓豪情和悲情，他们只有快乐！他们并不十分看重金牌，他们看重的是参与其中的快乐。”杨澜说。

菲尔普斯自始至终是以一种平和的心态参加比赛的。他小时候有多动症，还跟他教练打赌，他能破世界纪录。教练说：“你要是赢了，我就把头剃光。”结果，他破了好几次世界纪录，然后拿了一把剪子去找教练。他来北京是来玩的。

在采访埃蒙斯夫妇前，杨澜和节目组的人设定了一个主题：一个悲情人物在爱情的支持下，终于渡过了难关。但是当采访进行时，杨澜发现，之前的准备白做了，因为埃蒙斯夫妇根本就没把失利当成一回事，他们快乐地享受着奥运会带来的愉悦心情。

埃蒙斯告诉杨澜，四年之前打错靶，让他成就了一段爱情，四年之后出乎意料的低分会让他还有继续比赛的动力，他没觉得天塌地陷。埃蒙斯是美国人，他的妻子是捷克人，两人聚少离多，而奥运会让两人能够24小时都甜蜜地待在一起，还拿了一枚金牌和两枚银牌。夫妻俩说，没有比这更高兴的了。

可能在我们很多人看来，菲尔普斯取得了骄人的成绩一定会欣喜若狂，埃蒙斯会因最后一枪的失利而悲痛万分，但是他们根本就没有把这当回事，他们的这种人生态度值得我们每一个人学习。

生活中，很多人之所以不快乐，都是因为计较的事情太多。快乐并不是拥有得多，而是计较得少。不少人因为过多的贪婪而失去了生命的快乐。

有一个因为自己没有一双完整的漂亮的鞋而苦恼的女孩，当她为自己有漏洞的鞋而闷闷不乐时，忽然有一天她看到了那个拄着拐杖要饭的没有脚的男孩，她才发现自己是多么的富有，又是多么的可悲。富有是因为她有一双脚，而可悲却是因为她不懂得珍惜现在的生活，不懂得欣赏自己的拥有。

很多女孩都希望自己有漂亮的容颜、聪慧的头脑……总希望自己拥有得再多一些，从来没有满足的时候。要知道，一个永不知足的人是无法感受到生活的乐趣的，只有对现有的一切感到满足，才会活得洒脱，快乐也在其中。

托尔斯泰说："欲望越小，人生就越幸福。"

有一个人想得到一块土地，地主就对他说："清早，你从这里往外跑，跑一段就插个旗杆，只要你在太阳落山前赶回来，插上旗杆的地都归你。"那个人不要命地跑，太阳偏西了还不知足。太阳落山前，他是跑回来了，但已精疲力竭，摔个跟头就再没起来。于是有人挖了个坑，就地埋了他。牧师在给这个人做祈祷的时候说："一个人要多少土地呢？就这么大。"

正像《伊索寓言》里所说的："有些人因为贪婪，想得到更多的东西，却把现在所有的也失掉了。"

事实上，我们所拥有的并不少，而仅仅因为欲望太多而使自己不满足，甚至憎恨别人所拥有的或期望比别人拥有更多，以致心里产生忧愁、愤怒和不平衡。欲望太多，就会导致心理贫穷。相反，如果我们能够做到知足常乐、适可而止，我们的生活将会充满快乐。

成长箴言

一位哲人说过："生命是一团欲望，欲望不满足便痛苦，满足便无聊。"在现实中，我们很少去想自己已拥有的东西，往往竭尽全力去追寻得不到的东西，好像那里有幸福和快乐等着我们，而恰恰在力不从心的追寻过程中忽视了眼下的快乐。《内经》有言："老闲而少欲，心安而不惧。"少一分欲望便多一分快乐。

如果有一天，快乐和欲望同时站在你面前，快乐是天使，欲望是魔鬼，你能从容选择天使吗？

Xiang Yanglan Yiyang Zuoge Zhixing Nühai

Xiang Yanglan Yiyang Zuoge Zhixing Nühai

Chapter 5

成长路上，你不是一个人

Lesson 14 感恩让内心充盈

一个人要想拥有幸福的生活，就要怀有一颗感恩的心。正如康德所说："在晴朗之夜，仰望天空，就会获得一种快乐，这种快乐只有高尚的心灵才能体会出来。"其实，感恩不一定要感谢大恩大德，感恩可以是一种生活态度，一种善于发现美并欣赏美的道德情操。懂得感恩，便是参透了一门智慧的成长哲学。

常怀一颗感恩的心

有人问杨澜是什么改变了她的命运？她脱口而出：知识改变命运。然后她说，具体有三件事情对她最有影响。第一件事是她父母给了她长期温暖友爱的家庭；第二件事是她进入中央电视台做主持人；第三件事是她受人资助去美国读书。

杨澜说这番话时，怀着一颗感恩的心。

学会感恩，这是人生这篇小说中很深刻，也很重要的命题。

从我们呱呱坠地的那一刻起，值得我们感恩的人就不断地从我们身边出现。第一个要感谢的，是妈妈。是她赋予了你生命，让你来到了这个世界。然后，是家人。是他们教会你走路、教会你说话。当你再长大一点的时候，又出现了一个值得你去感恩的人——老师。是老师将你领进教室，领进知识的大门，向你介绍一个个陌生的文字，又用生动的语言将ABCD为你讲述……

在我们成长的道路上，会遇到许许多多的人或事，或许陌生，或许熟悉，但他们都值得你去感恩。

感谢为老人让座的人，是他们让你懂得了应该为他人着想；感谢辛勤劳动的人，是他们让你知道了每一件东西都来之不易；感谢接受了你帮助的人，是他们让你体会到了帮助别人时那种愉快的心情；感谢朋友，是他们让你在无助的时候看到了希望和阳光；感谢竞争对手，是他们磨炼了你的意志，增长了你的见识，让你知道了自己的不足；感谢那些曾经伤害过你的人，是他们让你的内心变得更加坚强，也学会了对他人的宽容；感谢挫折和苦难，是它们锻炼了你的意志，让你知道了生命中不能承受之轻……

在一个小镇上，饥荒让所有贫困的家庭都面临着危机，因为对于他们来说，最起码的温饱问题都难以解决。小镇上最富有的人要数面包师卡尔了，他是个好心人。为了帮助人们渡过饥荒，他把小镇上最穷的20个孩子叫来，对他们说："你们每一个人都可以从篮子里拿一块面包。以后你们每天都在这个时候来，我会一直为你们提供面包，直到你们平安地渡过饥荒。"

那些饥饿的孩子争先恐后地去抢篮子里的面包，有的为了能得到一块大点的面包甚至大打出手。他们心里只想着要得到面包，当他们得到的时候，立刻狼吞虎咽地把面包吃完，甚至都没想到要感谢这个好心的面包师。

面包师注意到一个叫格雷奇的小女孩儿，她穿着破旧不堪的衣服，每次都在别人抢完以后，她才到篮子里去拿最后的一小块面包，她总会记得亲吻面包师的手，感谢他为自己提供食物，然后才拿着它回家。

面包师想："她一定是回家和自己的家人一起分享那一小块面包，多么懂事的孩子呀！”

第二天，那些孩子和昨天一样抢夺较大的面包，可怜的格雷奇最后只得到了昨天一半大小的面包，但她仍然很高兴。她亲吻过面包师的手后，拿着面包回家了。到家后，当她妈妈把面包掰开的时候，一个闪耀着光芒的金币从面包里掉了出来。妈妈惊呆了，对格雷奇说：“这肯定是面包师不小心掉进来的，赶快把它送回去吧。”

小女孩儿拿着金币来到面包师家里，对他说：“先生，我想您一定是不小心把金币掉进面包里，幸运的是它并没有丢，而是在我的面包里，现在我把它给您送回来了。”

面包师微笑着说：“不，孩子，我是故意把这块金币放进最小的面包里的。我并没有故意想要把它送给你，我希望最文雅的孩子能得到这块金币，是你选择了它，现在这块金币属于你了，算是对你的奖赏。希望你永远都能用感恩的心去面对每一件事。”

当你对那些帮助过你的人道一声“谢谢”的时候，不管他们是如何看待，但是，那一声“谢谢”却承载了你对他们的那一片真挚的谢意。感恩并不需要用什么珍贵的礼物来表达，也不需要用什么华丽的外壳来包装。只需一声亲切的问候，一杯亲手泡的热茶，一张自制的生日卡片。

当你怀着感恩的心情去学习、生活的时候，你的态度无疑会是快乐而积极的。

怀着一颗感恩的心，去看待你周围的所有人。感恩，会让你的心胸更加宽广，让你的心灵变得更加洁净！

一颗感恩的心，就是一粒爱的种子，承载着责任，承载着能力，承载着希望和发展。感恩和责任作为一个人精神的源头，是现代社会和个人和谐多赢发展的核心动力。

成长箴言

幸福就是这么简单，只要你时刻怀有一颗感恩的心，认真对待生活，哪怕是在最艰难、最痛苦的时候也要坚持住，就会获得意想不到的结果。

德国伟大的哲学家康德告诉我们："在晴朗之夜，仰望天空，就会获得一种快乐，这种快乐只有高尚的心灵才能体会出来。"我们也可以把这种快乐理解为心怀感恩的结果。

"感恩"是一种美好的生活态度，一个不懂得感恩的人便不会懂得幸福的滋味。常怀一颗感恩的心，至少可以让我们变得更美丽、更幸福，让生命更辉煌。

感谢，是给父母最好的礼物

一直以来，杨澜都十分感谢父母。父母长期以来为杨澜提供了一个温暖、友善、健康的家庭。杨澜是独生女，从小生长在一个很有教养的知识分子家庭里，父亲退休前被所在北外同学评为"学生最喜爱的教师"之一，杨澜回想起父母在经济状况不好的情况下，还能让自己童年生活得很快乐，如果不是受父母乐观精神的感染，自己的心理素质和承受力就不会很强，也根本不可能取得今天的成绩。

"谁言寸草心，报得三春晖。"是我们每个人都能倒背如流的诗句。然而，生活中，又有多少人记得父母的生日，为父母干些家务，替父母捶捶背、洗洗脚呢？

我们的父母用泪水和幸福的笑容迎接我们来到这个世界，从那一刻起，他们多了一项繁重的工作——照顾我们。尽管这是一种沉重的负担，但他们却始终毫无怨言、尽心尽力地抚养我们长大。

在这个世界上，我们最应该感恩的就是父母，是他们给了我们生命，养育我们长大。感恩父母，不仅要有发自内心的对父母的爱，更要有实实在在的行动。

2004年“感动中国”十大人物中有一位名叫田世国的中年男子，他之所以感动了全中国，并不是因为他干了什么惊天动地的英雄事迹，而是因为他的孝举——将自己的一个肾移植给了身患尿毒症的母亲。田世国用实际行动表达了对母亲的感恩之情。

对我们大多数人来说，不需要田世国感恩父母的方式，但是，感恩父母不能停留在口头上，而必须体现在行动中。

从前有位母亲，她有七个女儿。有一次母亲因事到一位远方亲戚家住了数天才回来。当母亲走进家门时，女儿们十分亲切地围了上去。

大女儿说：“我思念您，就像种子盼望阳光一样。”

二女儿说：“我等您，就像干旱的土地盼望甘霖一样。”

老三说：“我想您都想得哭了，就像幼小的雏鹰想念老鹰一样。”

四女儿抢着说：“没有您，我感到非常痛苦，就像蜜蜂没有花儿一样。”

老五低声说：“我梦见了您，就像玫瑰花梦见露珠一样。”

“我望眼欲穿地张望您，就像樱桃园张望夜莺一般。”六女儿说道。

只有小女儿什么也没说，她为母亲脱下靴子，并为她端来一盆洗脚水。

不言而喻，小女儿最孝敬母亲。孝敬父母不能停留在口头上，必须体现在行动中。一个行动，哪怕是一个微不足道的行动，也比那些美丽动听的夸夸其谈强千百倍。所以，要想做个真正有孝心的孩子，必须要体现在行动中。现在的我们还没有赚钱的能力，不能为父母提供物质条件方面的东西，但是我们可以做一些力所能及的事情，比如：

给下班的父母拿拖鞋，递上一杯热茶；

给劳累了一天的父母洗洗脚、捶捶背；

烧一道自己会做的小菜；

为父母做一些力所能及的家务，减轻父母的负担；

在父母工作压力很大、心情烦闷的时候，想办法让父母开心；

平时不要惹父母生气，听他们的话，在意见发生分歧的时候，尊重父母的想法；

记住父母的生日，并在当天送上用心挑选的礼物；

出门在外、不在家时寄一张自己画的贺卡；

用零花钱、第一笔收入为父母买件衣服或安排短途旅游，陪父母几天；

……

以上都是我们力所能及的一些事情，也许你会觉得这些都是一些微不足道的小事，但是对父母来说，这些都是弥足珍贵的。孝敬父母，不是说要给父母多好的物质生活，让他们住豪宅，吃山珍海味，他们需要的，可能仅仅是一句温暖的问候、一杯清茶。

父母给予我们爱时没有任何的犹豫和等待，所以，我们的爱也应该在第一时间到达。让我们的感恩和回报永远成为现在进行时，不要给生命留下遗憾。

…… …… 成长箴言

在那么多需要感恩的人面前，其实最需要感恩的是我们的父母。他们对儿女的恩情像大海一样深厚。从呱呱坠地的婴儿成长到亭亭玉立的少女，父母的操劳是无法计算的。当我们还很小的时候，父母一口饭、一把屎、一把尿地侍候；上学了，父母在照料生活的同时，还要操心我们的学习；我们病了，父母求医找药，日夜守护。为了我们，父母可以做出一切牺牲。我们可曾想过，这么多年来，父母为你倾注了多少心血？

感恩，让人感觉温暖、舒适，因为它是发自内心的。你可以在父母劳累后递上一杯热茶，在他们生日时递上一张卡片，在他们失落时奉上一番问候与安慰……感恩需要你用心去体会、去报答。

记住别人对你的好

去美国留学，是杨澜生命里的一次重大转折。当时尽管已经工作了四年，但是杨澜并没有多少钱可以出国读书，与正大集团总裁谢国民的相识使她圆了求学梦。1993年年底，谢国民问杨澜有无留学计划。杨澜说自己走了就没人做节目了。谢国民认真地说："一个节目没有一个人的发展重要。你有很多潜质，如果不出去就可惜了。只要你考取一个好的名牌大学，我就赞助你，我给你学费。"杨澜坦言自己至今都非常感动，十分感谢他给自己的机会。

从小到大，我们会得到来自各个方面的关爱与照顾。

小的时候，父母无微不至地关心我们；上学了，老师对我们谆谆教导；工作后，常有领导与同事的关怀；年老后，又会得到晚辈的赡养与照顾。

我们接受了太多人的爱，我们应当时时记住别人的好，尽已所能地回报别人对我们的恩情。

有一位智者，和一个朋友结伴外出旅行。在路经一个山谷时，智者一不留神滑倒了，他的朋友拼尽全力拉住他，不让他葬身谷底。

智者得救后，执意要在石头上镌刻下这件事情。

他的朋友问："真的有必要这样做吗？"

智者说："当然。"

于是，他在石头上刻下了：某年某月某日，在经过某山谷时，朋友某某救我一命，刻完后，他们继续自己的旅程。

有一天，在海边，两个人因为一件事情而争吵起来，朋友一怒之下，给了智者一耳光。智者捂着发热的脸说："我一定要记下这件事情！"他的朋友说："随你记，我才不怕！"智者于是找来一根棍子，在退潮后的沙滩上写下了：某年某月某日，在某某海滩上，朋友某某打了我一耳光。

朋友看过之后不解地问他："你为什么不刻在石头上呢？"智者笑了，说："我告诉石头的，都是我唯恐忘了的事情，我要让石头永远替我记住；而我告诉沙滩的事情都是我唯恐忘不了的事情，我要海水淹没沙滩，让沙滩替我忘了。"朋友听了面露愧色。

对于别人给我们造成的伤害，我们不要记在心上，要尽快淡忘掉；对于别人给予我们的恩惠，我们要时刻记在心上，并在条件许可的情况下，回报别人的恩德。

如果我们能够以宽容的心来对待别人对我们的伤害，以感恩的心来对待别人对自己的恩惠，则人世间就会减少许多仇恨，增加更多的人间真情。

《菜根谭》中有这样一句话："我有功于人不可念，而过则不可不念；人有恩于我不可忘，而怨则不可不忘。"

说的是，当我们去做了有恩于人的事情的时候，不要念念不忘，当对人有过错的时候，应当时时提醒自己以后不要犯类似的错误；当人对我们有恩情的时候，我们应当时刻记在心上，当别人做过伤害我们的事时，应当尽快忘掉他人的不是。

所以，作为一个有情有义的人，应当经常记住别人对你的好，这样你就会永远生活在感恩的世界里。如果总是揪住别人的过错不放，不仅会增加你的怨恨心，还会因怨恨别人进而去伤害别人，酿成不好的结果。

朋友间，记住别人的好，就会拥有更多的朋友。家人之间，记住别人的好，这个家一定会其乐融融。记住别人的好，怀一颗感恩的心，远比记住别人的缺点、毛病，怀着一颗怨恨之心痛苦地生活要强一万倍。既然如此，我们为什么不去记住别人的好呢？

……………成长箴言

记住别人的好，也许只是一句关心的话语，也许只是一个关注的眼神，也许只是一个关爱的拥抱……永远记住那个人，曾经给过你关心、关爱，给过你信任，曾经温暖了你。

忘记别人对你的不好。就算曾让你伤透了心，就算你为此失去了很多很多，就算让你的心忐忑不安了好久好久……忘记那些让你难受的事情。并且要感激那个伤害你的人，因为他让你成长得更快了。

记住别人对你的好，即使是很小的事。忘记别人对你的不好，即使很痛。

Lesson 15

珍惜和父母在一起的每一天

没有人会像父母那样无私地爱你，即使在夜晚，当你入睡的时候，照耀在你身上的也不只是月光，还有父母关切的眼神。父母是你的第一任老师，是他们把你带到这个世界上，让你享受到生活的美好。如果没有父母，你的生活一定是一片荒漠，不知道该何去何从。那么，你想过怎样回报他们吗？其实，他们要的并不多，有时只是希望你陪他们聊聊天，有时只需要你给他们端一盆洗脚水就够了。

珍惜和父母在一起的每一天

杨澜上中学的时候，有一年，爸爸出国访问了，家里只剩下她和妈妈两个人，因为学习紧张，杨澜选择了住进学校。

这样一来，家里就只有妈妈一个人了，所以妈妈很希望杨澜能够在家住，但是那时候杨澜强烈地想离开父母的视线，自由自在地生活，最终没有答应妈妈的要求。

有一天周末，杨澜回家拿换洗的衣服，因为学校里下午还有活动，拿完衣服准备出门的时候，妈妈说话了：“澜澜，你要出去？”

杨澜回头看着妈妈说：“是啊，一会儿学校里有个活动，怎么了？”

妈妈说：“没有什么。”

杨澜说："那我走了。"说完，杨澜就走了。

后来杨澜知道妈妈当时流泪了，但没有让杨澜看到。

每次杨澜说起这件事情的时候，都会觉得内心愧疚，因为那时候自己的年少无知，因为那时候自己对母爱的疏忽，更因为无心的过错，心有歉意。

杨澜用她亲身的经历告诉我们，要珍惜和父母在一起的每一天。现在我们还在父母的身边生活，但是当我们上了大学，工作以后，你就会发现，跟父母在一起的时间真是太有限了。当你离开父母的时候，你就会明白，原来跟父母在一起生活的日子是多么幸福，但是为时已晚。

子路年轻时家境贫寒，家人经常吃不饱饭，有时甚至要到野外采摘野菜充饥。有一次，子路听见年迈的父母随口念叨着许久没有吃过饱饭，如果能吃上一顿米饭就好了。子路闻言心中十分愧疚，可是家中早已无米下锅了，子路看在眼里，急在心里。后来，子路想到山那边的舅舅家里还比较富足，如果翻过那几道山梁到他家借点米，舅舅一定肯借。虽然山路崎岖，但是想到能够满足父母的小小要求，子路打定主意出发了。

子路不顾山高路远，翻山越岭走了几十里路，从舅舅家借了一小袋米，随即马不停蹄地往家赶。子路虽然疲惫不堪，但能够以自己的辛苦，让父母得到些许的满足，他无怨无悔。

父母去世以后，子路南游到楚国。楚王非常敬佩和仰慕他的学问和人品，给子路加官晋爵，此后子路家中余粮万钟，富贵显赫，衣食无忧。然而，子路总是不能忘怀昔日父母的劳苦，感叹说："如果父母还在世就好了，就算要同以前一样吃野菜，再要我到百里之外的地方背米回来赡养父母双亲，我也心甘情愿！"

孝敬父母，需要用实际行动来表达，孝敬父母不分年龄大小，也不分能力强弱，现在就去做，不要等父母都不在了而空留遗憾。毕淑敏曾经说：“有一些事情，当我们年轻的时候，无法懂得。当我们懂得的时候，已不再年轻。世上有些东西可以弥补，有些东西永无弥补。‘孝’是稍纵即逝的眷恋，‘孝’是无法重现的幸福，‘孝’是一失足成千古恨的往事，‘孝’是生命与生命交接处的链条，一旦断裂，永无连接。”

在诺贝尔和平奖的颁奖大会上，特蕾莎修女告诉人们：“我永远也不会忘记曾经访问过的一家养老院。这家养老院里的老人都是儿女将他们送来的。尽管这里的生活用品一应俱全，甚至还有点奢华，但是这些老人却都坐在院子里，眼睛盯着大门看。他们的脸上没有一丝笑容。我转向一位老姐姐，问她：‘这是怎么回事？为什么这些衣食不愁的人总是望着大门？为什么他们脸上没有笑容？’

“我已经太习惯看到人们脸上的笑容，甚至那些挂在垂死的人脸上的笑容。但是在这里，我看到的是一种对爱心的企盼。

“那位老姐姐对我说：‘这里几乎天天都是如此，他们每天都在企盼着，盼望他们的儿女来看望他们。他们的心受到了极大的创伤，因为他们是被遗忘的人。’瞧，这就是世上存在的另一种贫乏，被爱心遗忘的贫乏。

“也许这样的贫乏已经悄悄来到我们的身边和我们的家庭中。也许就在我们自己的家庭中，已经有成员感到孤独。也许他们的心已经受到伤害，或许他们处于某种焦虑不安的状态……”

听完特蕾莎修女的讲述，你有什么感想呢？

也许你在生活中有许多的同学和朋友，你们可以在周末或者假期团聚在一起，学习、唱歌、旅游、运动……但是当你离家外出的时候，你是否想过在家时刻牵盼着你的父母，是否想过父母会为你担忧呢？是否想过父母也会孤单呢？

世界首富比尔·盖茨为什么会发出那句“孝顺是不能等待的”的感慨呢?

因为他觉得，时间如流水，是根本就不会等人的。在现实中，我们每个人都有很多事情要忙，忙学习、忙交往、忙作业……等我们成人了，我们还要忙工作、忙事业。当我们认为真正拥有了可以孝顺父母的能力的时候，可能已经为时太晚了，因为这时候的父母已经吃不动也穿不了了，有的父母甚至已经离开了尘世。

或许你也会认为现在不是报答父母的时候，但无论如何应当多为父母做点事，用实际行动来表达对他们的爱和感激，而不要总是把爱埋在心里。

古语说，“树欲静而风不止，子欲养而亲不待”，意思就是说孝敬父母要及早行动，不要等父母都不在了才想起要孝顺，那已经为时已晚，只能空留遗憾。

…………成长箴言

也许你从小到大一直都在父母身边待着，几乎没有离开过家，所以你会讨厌父母的唠叨，讨厌他们对你的约束，对他们的关心置若罔闻，甚至厌烦了跟他们在一起的生活，想着有一天能离开父母的管束，走得越远越好。但是当你长大离家的时候，你会发现那时候你能跟父母在一起的时间会越来越少，陪父母说说话甚至也会成为一种奢望，那时候你会追悔莫及。与其等到以后后悔，不如现在就好好珍惜跟父母在一起的时间。

不要抱怨自己的父母，你已得到太多

生活中，我们经常能听到有的女孩对父母有颇多抱怨：

“我妈妈什么都不懂，整天就知道让我好好学习。”

“我不爱和我爸妈讲话，他们什么也不懂，还整天啰啰唆唆的，真是烦死我了！”

“我和爸妈很难沟通，说不到两句话就会吵架！”

“每天我就上一小会儿网，妈妈还在旁边监视着，真烦！”

“我家经济条件不好，爸爸妈妈只是普通的工人，看到别的同学穿的用的都是名牌，命运真的很不公平，让我生活在这样的一个家庭。”

……

我们中的不少人会抱怨自己的父母，抱怨他们没钱、没权、没势；抱怨他们没知识、没文化；抱怨他们离婚，害得自己心理压抑；抱怨他们对自己管得太严……

然而我们忽视了一个最重要的东西，和父母含辛茹苦、任劳任怨、对自己不离不弃相比，我们又给了父母什么呢？

婷婷自从上了初中，渐渐发现和父母没有共同话题了。婷婷的父母只有小学学历，她说：“我老爸、老妈连怎么上网都不知道，居然以为电子邮件要到邮局去收。整天只知道叫我多吃点，多穿件衣服，我真遇到什么问题，比方学习上的，却一点儿都帮不上忙。我真不知要说他们什么好。”

而小丽说起自己的父母，也是一脸埋怨：“我妈太烦人了，我的什么事都要知道，经常打电话给老师不说，还成天向同学打探我的事，查看家里的电话记录，搞得我一点儿隐私都没有了。”

……

随着年龄的增长和自我意识、独立意识的增强，很多女孩与父母之间经常会产生意见不一致的情况，对事物的看法也存在很多明显的分歧，甚至出现极大的矛盾和隔阂，在不经意间出现抵触和反叛情绪，经常牢骚满腹、怨气冲天。

你是否也有过同样的感受？是否也曾因父母的喋喋不休而烦躁？是否也曾因父母的过分约束而气愤？是否也因为父母没有给你提供更好的经济条件而苦恼？……

其实，父母是爱我们的，他们已经是尽了自己最大的努力给我们提供最好的物质条件，他们对你喋喋不休，也是因为爱你，怕你走弯路。

如果我们静下心来仔细思考就会发现，问题主要在于我们和父母之间太缺乏经常而有效的沟通。人与人相处是需要沟通的，孩子和父母也是一样，每天花一小时时间和父母聊天，足以拉近两代人之间的距离。

如果我们能抽出时间来理解父母，听听他们的想法，首先，我们会得到父母更多的尊重。其次，多了解他们，听听他们的想法，我们的想法和做法就更有可能得到他们的理解和同意。因为如果他们认为你理解他们，他们也更愿意听听你的想法，也会更相信你。

尽管我们感到自己长大了，已经有足够的能力自作主张，但实际上还有许多事情是我们这个年龄无法把握的。而父母经历过的事情很多，可以给我们不少宝贵的人生经验。

当你与父母的观点与做法有分歧时，在要求他们理解尊重你时，你也要同父母进行心理换位，理解并尊重父母，这样才能加强两代人之间的沟通和理解，填平两代人之间的代沟。

慈母手中线，游子身上衣。
临行密密缝，意恐迟迟归。
谁言寸草心，报得三春晖。

这首诗说出了天下父母对孩子的深情厚意，也说出了儿女对父母的报恩之心。父母将我们带到这个世界上，含辛茹苦将我们养大，在我们的成长过程中，每一步都离不开父母的关怀。父母给予了我们这么多，我们还有什么理由不孝顺、不敬重他们呢？

我们在家的蓝天下沐浴着爱，当然有时会有暴风骤雨，也会有阴晴圆缺，当你与父母发生冲突时，该怎么办呢？

首先，应分析一下究竟是谁对谁错。如果真是父母的问题，就应该诚恳地跟他们解释清楚。我们毕竟已经长大，可以拥有自己独立的观点，但千万不要怨恨父母对你的不理解。倘若是自己错了，应该诚恳地认错。无论哪种情况，打破僵局的都应该是你，因为父母永远是你的长辈，对他们尊重是你应该做的。

其次，有时候不妨听一听父母的劝告。很多时候我们发现自己草率的决定只是年轻的冲动，往往缺乏周全的考虑，事后再想“早知听爸爸妈妈的了”也没用了。父母毕竟有丰富的处世经验，他们看待问题更加全面、客观。这些，只有等你经历了才能明白。

从现在开始，纵使有千万种理由，也别再抱怨你的父母了，他们已经给了你足够多的关爱，你从他们那儿已经得到足够多。

成长箴言

亲爱的女孩们，从现在开始，不要再抱怨你的父母了。尽管他们不能为你提供优越的经济条件，但他们已给了你足够的爱，并竭尽所能为你提供你所需要的一切；尽管他们整天在你耳边唠唠叨叨，让你觉得很烦，但那也是爱你的表现，他们是希望你在以后的人生道路上少走弯路……所有的这些，皆是因为他们爱你。所以，停止抱怨吧！

告诉父母你爱他们

你爱你的父母吗？相信你的回答是肯定的。可是你跟他们说过“我爱你们”吗？看到这个问题你是摇头还是点头呢？我们每个人都爱着自己的父母，可是却很少有人对父母说过，甚至从来都没有对他们说过一声“我爱你们”。

卡耐基在为成年人上的一堂课上，曾给全班出过一道家庭作业。作业内容是：“在下周以前去找你所爱的人，告诉他你爱他。那些人必须是你从没说过这句话的人，或者是很久没听到你说这句话的人。”

在下一堂课程开始之前，卡耐基问他的学生们是否愿意把他们对别人说爱而发生的事和大家一同分享。卡耐基非常希望跟往常一样有位女士先当志愿者。但这个晚上，一位男士举起了手，他看起来有些激动。

这位男士从椅子上站起身，开始说话了：“卡耐基先生，上礼拜你布置给我们这个家庭作业时，我对你非常不满。我并没感觉有什么人需要我对他说这些话。还有，你是什么人，竟敢教我去做这种私人的事？但当我开车回家时，我想到，自从5年前我的父亲和我争吵过后，我们就开始彼此避免相见，除非在圣诞节或其他家庭聚会中非见面不可。尽管如此，我们还是几乎不交谈。所以，回到家时，我告诉我自己，我要告诉父亲我爱他。

“说来也很怪，作了这决定时，我胸口上的重量似乎减轻了。

“第二天，我一大早就急忙起床了。我太兴奋了，所以几乎一夜没睡着，我很早就赶到办公室，两小时内做的事比从前一天做的还要多。

“九点钟时，我打电话给我父亲，问他我下班后是否可以回家。他听电话时，我只是说：‘爸，今天我可以过去吗？有些事我想告诉您。’我父亲以暴躁的声音回答：‘现在又是什么事？’我跟他保证，不会花很长的时间，最后他终于同意了。晚上五点半，我到了父母家，按门铃，祈祷我父亲会出来开门。我怕是我母亲来开门，而我会因此丧失勇气。但幸运的是，我爸爸来开了门。

“我没有浪费一丁点儿的时间——踏进门就说：‘爸，我只是来告诉你，我爱你。’

“父亲听了我的话，不禁哭了，伸手拥抱我说：‘我也爱你，儿子，原谅我竟一直没能对你这么说。’

“这一刻如此珍贵，我祈盼它凝滞不动。父亲和我又拥抱了一会儿，长久以来我很少感觉这么好过。

“但这不是我要说的重点。两天后，从没告诉我自己有心脏病的父亲忽然病发，在医院里结束了他的一生。我并没想到他会如此。

“如果当时我迟疑着没有告诉我父亲，我就可能没有机会了。所以我要告诉全班同学的是：你知道必须做，就不要迟疑。把时间拿来做你该做的，现在就去做！”

爱，需要用行动来表达，对父母的爱也是如此。现在就去做，不要等父母不在了而空留遗憾。古话说“树欲静而风不止，子欲养而亲不待”，年少时不能完全理解父母的爱，等自己长大理解了父母的苦心时，父母已经等了很久了。孝敬父母要及早，不要等父母都不在了才想起要孝顺，那已经为时已晚，只能空留遗憾。

女孩们，世上很多事情可以等待，但是唯有孝顺不能等待，为了不让自己留下遗憾，现在就去对你们的爸爸妈妈说一声：爸妈，我爱你们！

成长箴言

在这个世界上，我们永远需要报答的人，就是我们的父母。你有没有静静反省一下，在父母面前，你只是在一味地索取。在父母无私的爱护下，渐渐觉得父母所做是理所当然，在接受时渐渐变得心安理得。女孩们，请不要漠视父母为我们付出的辛劳，更别忽略了父母那颗默默付出的心。当父母的身体将老之时，请不要只会感到惊讶，而应马上行动起来，为父母做一些力所能及的事。

Lesson 16 分享让你获得更多

要想拥有美丽的花的海洋，就必须与人分享美丽，同大家共同培植美丽。心灵无私，懂得分享，这是我们获得快乐的途径。生活中，自私的人往往会回收更多的自私，而与人分享的人却能获得更多的分享。你把你的热心与人分享，你就会收获更多的热心。把你的乐趣与人分享，你会品尝更大的乐趣。其实，生活的真谛并不神秘，幸福的源泉大家也知道，只是常常忘记罢了。

孤独的人不会快乐

杨澜在答普鲁斯特问卷时，针对“您认为最理想的快乐是什么”这个问题时曾答道：“最理想的快乐是有人能够跟你分享，无论是家人还是朋友。我觉得别人能够跟你分享的时候，你肯定觉得更快乐。我觉得人类还是社会动物，所以你的快乐要能够分享的时候是最理想的快乐。”还有一句名言说：“人活着应该让别人因为你活着而得到益处。”学会分享、给予和付出，你会感受到舍己为人，不求任何回报的快乐和满足。我们每个人心中都有一座美丽的大花园。如果我们愿意让别人在此种植快乐，同时也让这份快乐滋润自己，那么我们心灵的花园就永远不会荒芜。

一位犹太教的长老，酷爱打高尔夫球。在一个安息日，他觉得手痒，很想去探杆，但犹太教义规定，信徒在安息日必须休息，什么事都不能做。

这位长老却终于忍不住，决定偷偷去高尔夫球场，想着打9个洞就好了。

由于安息日犹太教徒都不会出门，球场上一个人也没有，因此长老觉得不会有人知道他违反规定。

然而，当长老打第2洞时，却被天使发现了，天使生气地到上帝面前告状，说某某长老不守教义，居然在安息日出门打高尔夫球。上帝听了，就跟天使说，会好好惩罚这个长老。

第3个洞开始，长老打出超完美的成绩，几乎都是一杆进洞。长老兴奋莫名，到打第7个洞时，天使又跑去找上帝："上帝呀，你不是要惩罚长老吗？为何还不见有惩罚？"上帝说："我已经在惩罚他了。"

直到打完第9个洞，长老都是一杆进洞。因为打得太神了，于是长老决定再打9个洞。天使又去找上帝了："到底惩罚在哪里？"上帝只是笑而不答。

打完18个洞，成绩比任何一位世界级的高尔夫球手都优秀，把长老乐坏了。天使很生气地问上帝："这就是你对长老的惩罚吗？"

上帝说："正是。你想想，他有这么惊人的成绩，兴奋的心情，却不能跟任何人说，这不是最好的惩罚吗？"

生活需要伴侣，快乐和痛苦都要有人分享。没有人分享的人生，无论面对的是快乐还是痛苦，都是一种惩罚。

原来当快乐不能分享时，竟然会变成一种惩罚。快乐如果能够分享就会加倍，痛苦如果能够分担就会减少。一个很有名的人举了一个例子，他用物理公式来传达这个想法，他说：压力公式P=F/S，压力的大小等于外力除以接触面积，换句话说，当外力都一样的时候，如果接触的面积大，压力就会变小。我们心里都会有压力，一定有什么事情困扰着我们，我们可能没有办法改变这件事，但要让心里的压力减小，可以跟其他人倾诉，让受力面积扩大。当然你要记得，不是只有痛苦时才找人分担，快乐时也要跟人分享，否则以后大家看到你就会躲得远远的。同样，如果你愿意当那个分享人家快乐的人，或是分担别人痛苦的人，我相信，你也会是一个很幸福的人，因为很多人会很感激你的。

分享来自我们生命的核心，它是爱的流动，它总是带着爱的品质，爱所及之处总能带来蜕变。分享丰盛了自己，同时也滋润了别人。学会分享，就会快乐。当别的同学取得好成绩时，送上自己的祝福，你也会收到一份快乐；当自己买来一本漫画书时，主动和喜欢漫画的好朋友一起分享，你会更加开心。分享是我们交往中的润滑剂，它能让互有敌意的人成为好朋友，它能让原本的友谊更加甜蜜。

成长箴言

18世纪德国著名作家席勒曾经说过："如果你把快乐告诉一个朋友，你将得到两份快乐；而如果你将忧愁向一个朋友倾吐，你将分掉一半的忧愁。"这是多么美妙的一句话啊。快乐来自于分享，一个人快乐的时候如果有人能和他一起分享，那么他的快乐就会加倍。相反，如果没有人和他一起来分享快乐的话，那么他原有的这份快乐也会失去。

分享人生经历，让人告别孤单

分享是一种美德，而对于处在成长期的我们来说，分享更是一种成长的必需品，就像身体中的维生素C一样不可或缺。

英国大作家萧伯纳曾经说过："倘若你有一个苹果，我也有一个苹果，而我们彼此交换苹果，那么我们仍然各有一个苹果。但是，倘若你有一种思想，我也有一种思想，而我们彼此交流这些思想，那么我们每人将各有两种思想。”

在20世纪30年代，英国送奶公司送到订户门口的牛奶，既不用盖子也不封口，因此，麻雀和红襟鸟可以很容易地喝到凝固在奶瓶上层的奶油皮。后来，牛奶公司把奶瓶口用锡箔纸封起来，想防止鸟儿偷食。没想到，20年后，英国的麻雀都学会了用嘴把奶瓶的锡箔纸啄开，继续吃它们喜爱的奶油皮。然而，同样的20年过去了，红襟鸟却一直没学会这种方法。原来麻雀是群居的鸟类，常常一起行动，当某只麻雀发现了啄破锡箔纸的方法，就可以教会别的麻雀。而红襟鸟则喜欢独居，它们圈地为主，沟通仅止于求偶和对于侵犯者的驱逐。因此，就算有某只红襟鸟发现锡箔纸可以啄破，其他的鸟也无法知晓。

动物是这样，人亦如此。分享可以促进人与人之间的交流和学习，可以使我们更快地成长。青少年正值学习知识的黄金时期，在独立钻研的同时，要学会与大家分享新发现、新成果，相互磋商，彼此分享，创造一种积极互动的关系。合作能够产生合力，分享能让人领先一步。因为每一个人的才干、智慧和个性有其独特性，所以在一个合作团体内，如果能够交互、分享、包容不同的特点，就会起到大于单一要素的整合作用。

当然，把自己的东西主动拿给别人分享，这需要勇气，体现的是仁爱和宽容；而积极地分享别人的思想，则意味着尊重，体现的是民主和合作。

学会分享可以使我们学会关心他人，关心自己；欣赏他人，欣赏自己；有效地团结协作，交际磨合；注意权衡自己在群体中的地位和作用，处理好人际关系；及时地把自己的想法以适当的方式表达出来，走出封闭的自我，积极接纳别人的看法，能够与他人进行心灵的沟通。

许多国际性教育机构调查和研究认为，“学会分享”、“学会交往”、“学会合作”已经是21世纪学习的显著特征。分享情绪的感受、内心的想法，分享学习和生活中的失败与成功的体验，把个人独立思考的成果转化为大家共有的成果，而且分享中可以同时以群体智慧来解决个别的问题、以群体智慧来探讨学习上遇到的困难和问题，这样又培养了人与人之间相互协作的精神，促进了大家共同学习和进步。所以说，学会分享是人生一笔永远的财富，我们要学会分享，这是一项特别的能力。

国内著名成功学专家黑幼龙先生认为分享是一个挖掘个人潜力的好方法。知名的“周哈里窗户理论”（Johari Window）指出，每个人的内在都像一扇窗，分成四个方块。

第一块是自己看得到、别人也看得到的部分；第二块是自己看得到、别人看不到的；第三块是别人看得到、自己却看不到的；第四块则是自己和别人都没有发现的。

和人分享的时候，第二块和第三块会越来越小，第一块则会越来越大，因为你会表达自己的想法，别人也会把他所看见的部分告诉你。

生活中那些进步较快的人有一个很重要的特点，就是他们很喜欢跟别人分享，对自己有更多的了解，于是在面对困境时，也更容易找到解决方式。长时间下来，跟一个只会埋头苦干的人比起来，差别越来越明显。

不管是公事或私事，许多好点子、好的做事方法、好的观念，都是透过真诚分享才能获得，光靠一个人绞尽脑汁，不是那么容易突破。

巴勒斯坦有两个内海，一个海里面有各式各样的水生植物和鱼类，叫加利利海；另一个海里面却没有任何生物，叫死海。为什么有这个差别？因为加利利海承接水源之后，将水给了下游，而死海纳入上游的水之后，却没有出口，因此水中累积大量的盐分，没有生物能存活。

一个懂得分享的人，生命就像加利利海的活水一样，丰沛而且充满活力。只有懂得与别人交流和分享，我们才能够在智慧和情感的分享中不断地提升与发展。

…… …… …… ……成长箴言

快乐没有你想象的那么难、那么复杂。快乐其实很简单，它的实质就在分享与给予。一味地索取和独享，只会让心灵慢慢枯竭。快乐是一股源源不断的清泉，而自私独占则是泉水中夹杂的丝丝泥沙，只会带给人孤独与痛苦。

一个人的生命里因分享而充满喜悦，不论你在哪里，你的处境如何，你都可以选择分享，在心中奏响希望的美妙乐曲。分享是一种幸福，许多人身在福中不知福，其实他们缺少的不是幸福，而是去分享和奉献的能力。

分享，从来都是快乐的。快乐的你，才能成为优秀的女孩。

付出的爱越多，收获的爱也将越多

什么东西越洗越脏?

答案是“水”。这个回答看起来不合逻辑，但是仔细想来，却合情合理。世界上所有的东西都是越洗越干净的，只有用来洗净这些东西的水，才会越洗越脏。它用自身的脏成就了万事万物的洁净，不能不说，这也是大自然给予我们的一种启示。

什么东西越分越多?

也许你会问：这样的事物真的存在吗? 但只要参考上面的问题，你就不会怀疑它的合理性了，它当然是存在的。

越分越多的东西，就是爱。我们分什么东西给人，什么东西就越来越多。这个逻辑听起来很荒唐，但事实上合乎自然。在人们彼此分享、互相给予的一刹那，爱温暖了所有人的心灵，爱，是越分越多的。当然，如果不懂得分享或者吝于分享，爱也会变得越来越贫瘠，拒绝分享的结果是让生命走向萎缩。

从前，有一位精明的荷兰花草商人，千里迢迢从遥远的非洲引进了一种名贵的花卉，培育在自己的花圃里，准备到时候卖上个好价钱。对这种名贵花卉，商人呵护备至，许多亲朋好友向他索要，一向慷慨大方的他却连一粒种子也不给。他计划培植三年，等拥有上万株后再开始出售和馈赠。

第一年的春天，他的花开了，花圃里万紫千红，那种名贵的花开得尤其漂亮，就像一缕缕明媚的阳光。第二年的春天，他的这种名贵的花已经有五六千株，但他发现，今年的花没有去年开得好，花朵变小不说，还有一点点的杂色。到了第三年的春天，名贵的花已经培植出了上万株，令这位商人沮丧的是，那些名贵的花的花朵已经变得更小，花色也差得多了，完全没有了它在非洲时的那种雍容和高贵。当然，他也没能靠这些花赚上一大笔钱。

难道这些花退化了吗？可非洲人年年种养这种花，大面积、年复一年地种植，并没有见过这种花会退化呀！商人百思不得其解，他便去请教一位植物学家。植物学家拄着拐杖来到他的花圃看了看，问他："你这花圃隔壁是什么？"

他说："隔壁是别人的花圃。"

植物学家又问他："他们种植的也是这种花吗？"

他摇摇头说："这种花在全荷兰，甚至整个欧洲也只有我一个人有，他们的花圃里都是些郁金香、玫瑰、金盏菊之类的普通花卉。"

植物学家沉吟了半天说："我知道你这名贵之花不再名贵的致命秘密了。"植物学家接着说："尽管你的花圃里种满了这种名贵之花，但和你的花圃毗邻的花圃却种植着其他花卉，你的这种名贵之花被风传授了花粉后，又染上了毗邻花圃里的其他品种的花粉，所以你的名贵之花一年不如一年，越来越不雍容华贵了。"

商人问植物学家该怎么办，植物学家说："谁能阻挡住风传授花粉呢？要想使你的名贵之花不失本色，只有一种办法，那就是让你邻居的花圃里也都种上你的这种花。”于是商人把自己的花种分给了自己的邻居。次年春天花开的时候，商人和邻居的花圃几乎成了这种名贵之花的海洋——花朵硕大，花色典雅，朵朵流光溢彩，雍容华贵。这些花一上市，便被抢购一空，商人和他的邻居都发了大财。

要想保持自己的美丽，就必须拥有美丽的“邻居”；要想拥有一片美丽的花的海洋，就必须与人分享美丽，同大家共同培植美丽。同样，要想得到爱，就要先让周围的人感受到你的爱。

爱和帮助不仅让别人快乐，也是让自己快乐起来的绝妙方法。但在生活中，我们总是会听到冷冰冰的声音，声音里的冷漠让人感到彻骨的寒冷。其实这些人在封闭了自己对别人的爱的同时，也封闭了别人对自己的爱，拒绝了快乐的体验。

在著名的作家屠格涅夫的回忆中，有这样一幕。那是1878年冬天，一个衰弱不堪、嘴唇冻得发青的乞丐在街上拦住了匆匆经过的屠格涅夫。乞丐伸出一只通红的、肿胀的、肮脏的手，向他乞讨。他掏遍了身上所有的口袋，但什么都没找到。

屠格涅夫窘极了，便紧紧地握住乞丐颤抖的手：“别见怪，兄弟，我身上一无所有。”乞丐也紧紧地握了握作家的手，“哪里的话，兄弟，”乞丐口齿不清地慢慢说道，“就这也该谢谢您啦。这也是周济啊，老弟。”

乞丐感受到了屠格涅夫的关爱，也许在那一刻，他不仅仅震撼，还有深切的感动，也许在那一刻，他更加确定了自己生命的意义。而正如屠格涅夫对于此事的描写：“我懂了，我也从我的兄弟那里得到了周济。”他也体验到了爱，体验到了幸福的感觉。

当你把爱分享给别人的时候，你也在同一时间再次感受了爱。而屠格涅夫所感受到的，更是一个赤贫的人对爱的理解，给他的启发。

不要认为爱是一件简单的事情，因为它有时候会以你看不懂的方式出现；也不要以为爱是一件很复杂的事情，有时候它就是一个微笑、一句问候。真正的爱是一种能力，它具有一种伟大的力量，即便是对素不相识的人，爱也能让他们充满感激和温情。

……成长箴言

我们始终相信，爱的力量能够使灵魂从心底深处觉醒，也能够将生命的妙处发挥到极致。当你爱的时候，你和周围世界一分为二的界线将会消失，凡尘俗世里你我的区分不再存在，你也将会体验到完整的自我。

爱的力量是在不断传递的，爱别人就是在爱自己，因为人生的这场接力赛，你在其中担当了重要的角色。

被人需要，也是一种幸福

被人需要，也是一种幸福。因为在这一过程中，你会感受到自己的价值。

无论是谁，无论被谁需要，都应该感到幸福，因为被人需要至少说明自己有价值。如果一个人被大家感觉多也不多，少也不少，才会是最可悲的事情。

阿来原本有一个幸福的家庭：妻子能干，儿子乖巧，一家人过着快乐的生活，但是不幸降临了——只有30岁的妻子得了重病，在她生命垂危的时候，她紧紧握着阿来的手说："你一定要照顾好我们8岁的儿子，把他养大成人……"阿来含泪点头答应了妻子。

这年阿来才32岁，但他为了儿子不受委屈，一直没有再婚。他细心地照顾着儿子，关心着儿子。儿子也很争气，高中时考入了省重点中学，学习一直名列前茅。阿来在工作上也是勤勤恳恳，不久，他就当上了高级工程师。

转眼，儿子就要参加高考了，阿来表现得比儿子还紧张，每天变着花样给儿子做好吃的，生怕他营养不足，影响了考试。但是临考的前三天，一场突如其来的车祸夺去了儿子的生命。阿来痛苦至极，他从小就失去了父母亲，年轻时又失去了至爱的妻子，儿子是他全部的希望。没想到，上天竟残忍地夺走了他心爱的儿子。

从那之后，阿来每天上班的时候也总是心不在焉的，因为他不知道自己工作是为了什么。每天回到家里，也是一个人对着墙壁发呆。在这个世界上，他再也没有牵挂的人，也没有人会牵挂他。阿来越想越痛苦，越想越绝望。每日借酒浇愁。

这天下班后，阿来又喝了很多酒，他来到了江边，他打算跳进江里，这样就会永远结束这种孤单和痛苦。这时已经晚上九点多了，路上行人很少，忽然他发现不远处有一个衣服破烂的老大娘急急地走过来，捡起了地上的易拉罐，小心地放进手中的袋子里。原来这是一个捡破烂的老大娘。

阿来忍不住问："大娘，您没有和儿子一起住吗？这么晚了您还出来做这个？"老大娘叹了一口气说："我一个孤老婆子，哪里有儿子，只有一个7岁的小孙子，还要我来照顾他。"阿来看着老大娘满脸的沧桑，眼睛湿润了。他想，我从小没有父母，为什么不可以像儿子一样照顾这个大娘和她的小孙子呢？他走过去扶住大娘说："大娘，我从小失去父母，现在孤身一个人，如果您不嫌弃，我可以做您的儿子……"

之后，阿来将老大娘和那个7岁的男孩接到了自己家里，大娘告诉他，男孩是她捡来的弃婴。三个没有血缘关系的人组成了一个家。

阿来又恢复了以前工作的劲头。每天下班回家，阿来会先喊一声："妈，我回来了！"大娘会端出热腾腾的饭菜。有时他加班回来很晚时，大娘会开着灯一直等他回来。小男孩常常拿着100分的卷子，嘴里喊着：

“爸爸！爸爸！我又得了100分！”阿来抱起儿子，用胡子边扎边说：“我儿子是好样的！”一家人生活在一起，其乐融融。

从这个感人的故事里，我们似乎已经读懂，其实被人需要就是一种幸福！

一个人被自己的孩子需要，那么他（她）就会对孩子的成长起作用，就会是合格的父母；一个人被自己的爱人需要，那么他（她）就会让对方的生活增添色彩，就会是对方相依相偎的伴侣；一个人被自己的父母需要，那么他（她）就会让父母享受到天伦之乐，就会是父母永远的开心果；一个人如果被自己的朋友需要，就会为朋友分担快乐和忧愁，那么他（她）就会是朋友可终生信赖的另一个自己……

一个人被人需要就意味着责任，意味着付出。虽然被人需要的时候自己格外忙碌、辛苦，甚至紧张、烦恼、忧愁和痛苦，但同时你也会体验到充实、快乐，甚至是尊重、信赖、欣赏和爱戴，会体验到不可多得的幸福！

…………成长箴言

被人需要是一种幸福，在满足别人的同时，也升华了自己存在的价值。记住高尔基的这句话吧：“感到自己是人们所需要的和亲近的人——这是生活最大的享受，最高的喜悦。这是真理，不要忘记这个真理，它会给你们无限的幸福。”

真正被人需要是幸福的，让我们努力做一个被人需要的人吧！

友情是生命中不可或缺的

友情是一个人生存和发展所必不可少的财富，杨澜也说过：“一个好的朋友可以让你的人生有着很大的改变，他会让你变得乐观……”

纪伯伦说过：“你的朋友能满足你的所有需要。你的朋友是你的土地，你怀着爱而播种、收获，就会从中得到粮食、柴草。”友谊对人生是不可或缺的。如果没有友情，生活将缺少悦耳的和音。朋友总是在你不在的场合毫不犹豫地代表和维护你的利益，在听到有可能对你造成不利影响的流言飞语或无耻谎言时，坚决地予以制止和反驳……在你哭泣的时候，他们替你哀伤；在你欢乐的时候，他们为你祝福。友谊是一生的财富。

有一个叫德诺的少年，10岁那年，他因输血不幸染上了艾滋病，伙伴们都躲着他，只有大他4岁的爱笛依旧像从前一样跟他玩耍。

一次偶然的机会，爱笛在杂志上看见一则消息，说新奥尔良的费医生找到了能治疗艾滋病的药物，这让他兴奋不已。于是，在一个月明星稀的夜晚，他带着德诺悄悄地前往新奥尔良。

为了省钱，他们晚上就睡在随身带的帐篷里，德诺的咳嗽多起来，从家里带来的药也快吃完了。这天夜里，德诺冷得直发抖，他用微弱的声音告诉爱笛，他梦见两百亿年前的宇宙了，星星的光是那么暗，他一个人待在那里，找不到回家的路。爱笛把自己的一只鞋塞到德诺的手上：“以后睡觉，就抱着我的鞋，想想爱笛的臭鞋还在你手上，爱笛肯定就在附近。”

身上的钱差不多用完了，可离新奥尔良还很远。德诺的身体越来越弱，爱笛不得不放弃计划，带着德诺回到家乡。爱笛依旧常常去病房看德诺，他们有时还会玩装死游戏吓唬医生和护士。

秋天的下午，阳光照着德诺瘦弱苍白的脸，爱笛问他想不想再玩装死的游戏，德诺点点头，然而这回，德诺却没有在医生为他摸脉时忽然睁开眼笑起来，他真的死了。

那天，爱笛陪着德诺的妈妈回家。两人一路无语，直到分手的时候，爱笛才抽泣着说：“我很难过，没能为德诺找到治病的药。”德诺的妈妈泪如泉涌：“不，爱笛，你找到了。”她紧紧搂着爱笛说：“你给了他快乐，给了他友情，给了他一只鞋，他一直为有你这个朋友而满足。”

友谊是我们哀伤的缓和剂，激情的舒解剂；是我们压力的流泻口；是我们灾难时的庇护所；是我们犹疑时的商议者；是我们脑子的清新剂，思想的散发口。真诚而恒久的友谊是充实人生所必需的养料。

交友有一个选择的过程。开始是结识和初交，在交往过程中互相了解以后，才由初交成为熟悉的朋友。朋友可以是暂时的，也可以是永久的。从学习、工作的需要出发，本着互惠互利、共同发展的原则，结交一些志同道合的朋友是有益的。如果不仅志同道合，而且感情深厚、心灵相通，这样就可以从合作共事的朋友变成生死相依、患难与共的知己。

针对如何选择朋友，杨澜也说过：“要有目的性地去选择朋友，社会中的人脉非常的重要，而你选择加入的朋友圈也会对你的人生有着很大的影响，如果你的朋友都是一些积极向上乐观的人，你也会被他们感染的，如果你的朋友是一个悲观主义者，整天只知道抱怨生活，却不会脚踏实地地工作，时间久了，你同样会被感染的。人在选择朋友的时候很重要，有时候如果想了解一个人，也可以从他的朋友是什么样的人来了解他的为人。不要轻易地交朋友，也要注意选择跟什么人交朋友。”

另外，交朋友要怀有一颗平常心，交朋友不论尊卑贵贱，只要志同道合即好。而且，朋友也无高低贵贱之分，任何一个以势利眼去衡量他人的人，其结果只是证明他肤浅无知。

友谊对人生是不可或缺的。如果没有友情，生活将缺少悦耳的和音。在没有友情的人群中生活，那种苦闷不言而喻。心灵犹如一片荒漠，而友谊却如甘露，可令沙漠生出绿洲。

成长箴言

人生在世几十年，在历史的长河中，它只能是一朵小小的浪花，但在个体的生命中可谓漫长。在人的整个生命历程中，会有许多朋友，这是每个人宝贵的财富。友情是人生不可或缺的必需品。就像一首诗中所说的：“啊！友情，人间怎能没有你，愿你像和煦的阳光，常照我们的胸怀。愿你像清新的空气，时时输向我们的心房。啊！友情，我赞美你，愿你在这古老的大地上永恒！”

友情需要用心浇灌，用生命来培养，才能开出灿烂的友情之花。

Chapter 6

这些道理，晚知道会吃亏

Lesson 17

把学习当成一种习惯

时代飞速发展，环境急剧变化，再也没有一劳永逸的成功，只有不断学习、终身学习，你才不会被抛出时代的列车。在今天，关键问题不在于能否“活到老，学到老”，而在于“学到老”才能“活到老”。没有学习，便没了“生存”。

养成良好的学习习惯

在散文集《凭海临风》中，杨澜曾提到了自己的中学时代：

“中学六年当中，我在学业上是相当用心的。我的初中入学成绩并不理想，曾被同窗取笑。于是12岁的孩子就有了卧薪尝胆的打算。在我的记忆中，每个周末都是在习题集里度过的。初中毕业时，我在年级里排到前几名，免试升入高中。进入高中，又成为学习尖子。在全区统一的高考模拟考试中，我的总分名列全区第一名，令同属海淀区的北大附中等一批市重点中学的老师和同学对我的母校刮目相看。正式高考时，我的总分在全北京市排入了前20名，其中语文成绩几乎是满分……更让我引以为荣的是，我在中学时养成了良好的学习习惯，即使在高考的关键时刻也不迟于晚上十一点熄灯睡觉。我坚信如果专心致志，讲究效率，不必悬梁刺股。”

人的一生都离不开学习，培养良好的学习习惯也显得越来越重要。因为只有善于学习的人才能不断前进。

瑶瑶每次不管什么考试都能考第一，这让同学们都羡慕不已。让大家最纳闷的是，很多人整天闷着头学习，成绩都不见提高，而瑶瑶也没看她怎么用功，却每次都稳拿第一，看着瑶瑶整天说说笑笑，一副活蹦乱跳的样子，大家是百思不得其解。

于是，大家纷纷向她请教她的学习秘诀。

“其实很简单，我的成绩全靠它。”瑶瑶拿出了一张计划表说。她说：“取得好成绩，不等于在学习上磨时间，花费的时间越多成绩才越好。必须要提高学习效率，这样不仅保证了学习的时间，玩的时间也会多起来，所以计划就显得很重要啦！”

在学习时，瑶瑶从来不注重学习的时间，而是注重“理解”、“运用”和“熟练掌握”。别人每天回家先写作业，她则先复习课堂上做的笔记，对照书里的例题，看明白了再写作业，所以每次都能非常轻松地做完。每天写完作业，她只用10分钟的时间，把新的和旧的知识点都画到一张结构图上，是完全不看书画下来的。画的时候就等于把以前的知识温习了一遍，同时把新知识和旧知识有机地联系了起来。

在计划表上，瑶瑶每天还留出了半个小时的时间，用来补漏洞。她把所有测验和作业中错过的题，都单独抄到一个本子上，每天补漏洞的时候，就从里面挑题目做，故意挑那些看起来比较生疏、印象不是很深的题，做对一次打一个钩，做错一次打一个叉，当一道题目能连续得到三个钩，她就认为自己彻底掌握，就再也不会去碰它。

就是在这样的计划之下，瑶瑶的成绩总是遥遥领先。

我国当代教育家叶圣陶曾明确提出：“什么是教育？一句话，就是要养成良好的学习习惯。”学习习惯的养成既然如此重要，那么，怎样才能养成良好的学习习惯呢？

1. 课前预习

课前预习可以提高课上学习效率，有助于培养自学能力。预习时应对要学的内容认真研读，理解并应用预习提示、查阅工具书或有关资料进行学习，对有关问题加以认真思考，把不懂的问题做好标记，以便课上有重点地去听、去学、去练。

2. 认真听课

上课时，老师不仅用语言传递信息，还会用动作、表情传递信息，用眼神与学生交流。因此，上课必须盯着老师听，跟着老师想，调动所有感觉器官参与学习。能否调动所有感觉器官学习，是学习效率高低的关键性因素。上课要做到情绪饱满，精力集中；抓住重点，弄清关键；主动参与，思考分析；大胆发言，展示思维。

3. 上课记笔记

在专心听讲的同时，要动笔做简单记录或记号。对重点内容、疑难问题、关键语句进行“圈、点、勾、画”，把一些关键性的词句记下来。有实验表明：上课光听不记，仅能掌握当堂内容的30%，一字不落的记也只能掌握50%，而上课时在书上勾画重要内容，在书上记有关要点的关键的语句，课下再去整理，则能掌握所学内容的80%。

4. 上课要主动回答问题

认真思考课堂上老师提出的每一个问题，积极回答问题可以促进思考，加深理解，增强记忆，提高心理素质，促进创新意识的激发。回答问题要主动，起立迅速，声音洪亮，表述清楚。

5. 课后复习

课后不要急于做作业，一定要先对每一节课所学内容进行认真的复习，归纳知识要点，找出知识之间的联系，明确新旧知识之间的联系，形成知识结构或提要步骤式知识结构。主动询问，补上没有学好的内容。对不同的学习内容要注意进行交替复习。

6．及时完成作业

按时完成老师布置的作业和自己选做的作业，认真思考，认真书写，一丝不苟，对作业中存在的问题，认真寻找解决的办法。作业写完后，要想一下它的主要特征和要点，以收到举一反三的效果。作业错了，要及时改过来。

7．养成多思、善问、大胆质疑的习惯

学习要严肃认真、多思善问。“多思”就是把知识要点、思路、方法、知识间的联系、与生活实际的联系等认真思考，形成体系。“善问”不仅要多问自己几个为什么，还要虚心向老师、同学及他人询问，这样才能提高自己。而且，还要在学习的过程中，注意发现问题，研究问题，有所创造，敢于合理质疑已有的结论、说法，在尊重科学的前提下，敢于挑战权威，要做到绝不轻易放过任何一个问题。要知道“最愚蠢的问题是不问问题”，应该养成向别人请教的习惯。

学无止境，也许还有许多学习技巧对你有好处，上面提及的只是其中一部分。可能在你的学习中，你还会找到更多的好方法。聪明的你一定能找出适合自己的一套学习方法，乘风破浪，早日到达胜利的彼岸。

成长箴言

知识的海洋无边无际，而人生的时间和精力是有限的，因此，提高自己在单位时间内的学习效率就显得尤其重要。学习不在于数量，而在于质量。我们应充分发挥自己的长处，享受学习带来的乐趣，提高自己的学习效率，变被动学习为主动学习，做学习的主人。

成功一定有方法，失败一定有原因。只要我们能找到好的学习方法，提高学习效率，那么我们就会取得事半功倍的效果，从而更有利于提高我们的学习成绩。

好口语是练出来的

看到杨澜在电视上用英语跟那些外国人侃侃而谈，有很多女孩非常羡慕，其实，杨澜一口标准流利的英语也是经过刻苦训练取得的。

小学三年级时，杨澜开始与同学一起学习英语。杨澜很喜欢学英语，对英语有着浓厚的兴趣。为了掌握好英语的发音，杨澜每天早上都会早起半个小时，用还稚嫩的声音，大声诵读那些音标、单词、英语短句，每篇英语课文她都做到倒背如流。一分耕耘，一分收获。因为勤奋，她的英语发音是班上最标准的。

对很多女孩来说，学习英语是一件头疼的事情，那么，如何才能学好英语呢?

首先，要培养对英语的兴趣。“兴趣是最好的老师”，兴趣是学习英语的巨大动力，有了兴趣，学习就会事半功倍。我们都有这样的经验：喜欢的事，就容易坚持下去；不喜欢的事，是很难坚持下去的。而兴趣不是与生俱来的，需要培养。该如何培养对英语的兴趣呢?不妨多参加一些英语方面的活动，比如，唱英文歌、做英语游戏、读英语幽默短文、练习口头对话等。慢慢地你就会对英语产生兴趣，当然，学习起来就有了动力和欲望。然后，就要像农民那样勤勤恳恳，不辞辛苦，付出辛勤的劳动和汗水，一定会取得成功，收获丰硕的成果。

练好基本功是学好英语的必要条件，没有扎实的英语基础，就谈不上继续学习，更谈不上有所成就。学英语，词汇的记忆是必不可少的，词汇是学好英语的基础，没有了词汇，也就谈不上句子，更谈不上文章，所以记单词对我们就显得极其重要。

英语是一种语言，不是记住了单词、词组、句型和语法项目就是把它学好了，关键在于使用语言，所以在学习英语时一定要注意听、说、读、写、译全面发展。英语学习首先是一个记忆过程，然后才是实践过程。学习英语，无论如何，勤奋是不可少的，它是一个日积月累的渐进过程，是没有任何捷径可走的，也没有所谓“速成”的灵丹妙方，急于求成，不做踏实工作，是学不好英语的。

俗语说“一勤天下无难事”，道出了一个很深刻的道理：通向成功的路没有捷径，一切事业的成功，都需要勤奋作为基础条件，只要肯勤奋，成功大门便会敞开，就等你走进去。

王羲之是东晋时期著名的书法家。他之所以能成为大书法家，和他的勤奋息息相关。据说，王羲之为了练字，每天一早就到家门前的水塘边临池练字，日落西山才涮笔洗砚，最后染得水黑如墨，于是，人们就给那座池塘起了个名字，叫“洗砚池”。

居里夫人在法国念书时，每天早晨总是第一个来到教室；每天晚上几乎都在图书室度过。图书室晚上十点关门，她回到自己的小屋后，在煤油灯下继续读书，常常到夜里一两点钟。

德国著名音乐家——贝多芬，在他音乐生涯的最高峰时，突然因耳疾致双耳失聪，这对于一个音乐家来说是致命的打击。但他具有顽强的毅力、坚强的意志，终于做成了《英雄交响曲》、《命运交响曲》……他说过：“卓越的人一大优点是，在不利与艰难的遭遇里百折不挠。”

马克思撰写《资本论》，辛勤劳动，艰苦奋斗了40年，阅读了数量惊人的书籍和刊物，其中做过笔记的就有1500种以上；我国历史巨著《史记》的作者司马迁，从20岁起就开始漫游生活，足迹遍及黄河、长江流域，汇集了大量的社会素材和历史素材，为《史记》的创作奠定了基础；德国伟大诗人、小说家和戏剧家歌德，前后花了58年的时间，收集了大量的材料，写出了对世界文学和思想界产生很大影响的诗剧《浮士德》；我国年轻的数学家陈景润，在攀登数学高峰的道路上，翻阅了国内外的上千本有关资料，通宵达旦地看书学习，取得了震惊世界的成就……

无数的事实其实都是在向我们揭示同一个道理，那就是任何成功的获得都要靠自己的努力，要踏踏实实、勤勤恳恳、兢兢业业、一步一个脚印。成功来自勤奋，成功在于勤奋。智慧不是自然的恩赐，而是勤奋的结果。只有握住勤奋的钥匙，才能打开知识宝库的大门。

成长箴言

人们常说，业精于勤，荒于嬉。自身的劣势并不可怕，可怕的是缺少勤奋的精神。勤奋是一笔价值远远超过金子的财富，金子虽然珍贵，但金子是不会失而复得的。纵然你有黄金万两，但若一味挥霍，就会坐吃山空，总有穷困的一天，唯有勤劳才是永不枯竭的财源。

任何人的成功都不是一蹴而就的，勤奋是成功的根本，只要勤奋就能克服一切困难，成就一番事业；如果没有勤奋，就是有再好的条件，也很难取得最佳效果。勤奋，是快乐，是幸福，它是生活变得安宁的保护神，是岁月变得年轻的催化剂，更是人人必备的美德。让我们把它移到我们的身体里，植入我们的心灵中。

学习无止境

这些年，杨澜一直在不断地学习，不断地用知识充实自己。可以说，正是这种不断学习的精神成就了今天的杨澜。

可能你会以为，学习只是学生时代的事情，唯有学校才是学习的场所，当自己已经成年，走向社会的时候，就再也没学习的必要了，除非是为了取得文凭。这种说法乍一看，似乎很有道理，其实是不对的。在学校里自然要学习，走出校门后我们更需要学习，因为我们所处的时代充满了激烈的竞争，学校里学的那些东西只有在实践中才能得到应用和发展，我们才能保持自己的优势。

一名徒弟跟着一位名师学习技艺，几年之后，徒弟觉得自己的技艺达到炉火纯青的地步，足以自立门户，因此收拾好行囊，准备和大师辞别。

大师得知了这个消息之后问道："你确定你已经学成了，不需要再学习了吗？"

徒弟指了指自己的脑袋自豪地说："我这里已经装满了，再也装不下了。"

"喔，是吗？"大师随即拿出一只大碗放在桌上，命徒弟把这只碗装满石头，直到石头在碗中堆出一座小山后，大师问徒弟："你觉得这只碗装满了吗？""满了。"徒弟很快地回答。

大师于是从屋外抓起一把沙子，撒入石头的细缝里，然后再问一次："那么现在呢，满了吗？"

徒弟考虑了一会儿，恭恭敬敬地回答道："满了。"

大师再取来案头上的香灰，倒入那看似再也装不下的碗中，看了看徒弟，然后轻声问："你觉得它真的满了吗？""真的满了。"徒弟回答道。

大师没有再多说什么，只拿起了桌上的茶壶，慢慢地把茶水倒入碗中，而水竟然一滴也没有溢出来。

徒弟看到这里，总算明白了师父的良苦用心，赶紧跪地认错，诚心诚意地请求大师再次收自己为徒。

"学无止境"，生有涯而知无涯，学习是没有尽头的，除非是你自己限制自己。

著名的数学家华罗庚说过："人，活到老，要学到老。"是的，人生是在不断探索中得到升华，从而才会有辉煌出现，像文坛的几位巨匠：冰心、巴金、金庸……他们都是深知这个道理，才有如此大的成就，我们熟知的金庸先生更是在80岁高龄之际提笔修改了《射雕英雄传》，使这部经典名作再次遇热，受到众人瞩目。不止他们这样，国外的著名人士也是在不断学习、不断积累中才创作出许多著名文献。马克思和恩格斯就是最好的“人证”。他们共同完成的《资本论》使广大读者得到启迪，这部巨著更是耗费他们毕生心血才完成的，他们就是在不断的努力及探索中使他们的友谊成为世人的榜样的。

1994年11月，在意大利首都罗马举行了“首届世界终生学习会议”，会议提出“终生学习是21世纪的生存概念”，并强调：“如果没有终生学习的意识和能力，就难以在21世纪生存。”

有位伟人也曾说过：“情况总是在不断地变化，要使自己的思想适应新的情况，就得学习。”任何人只有不断地学习，才能不断地适应外部环境的变化，如果停止学习，要想继续发展就很困难了。

在此，我们可以肯定地对任何一位女孩说：“将来，如果你想生活得更好，仅有工作技能是不够的，还须不断学习，才能成为更好的公民、职员、家长、邻居和朋友。学习不仅是为了谋生，更是为了创造更好的生活。在面对竞争日趋激烈的现代社会，只有树立终生学习的观念，才不会落后于他人、落后于社会。”

成长箴言

“生命有限，知识无穷”，任何一门学问都是无穷无尽的海洋，都是无边无际的天空……所以，谁也不能够认为自己已经达到了最高境界而停步不前、趾高气扬。如果是那样的话，则必将很快被同行赶上，很快被后人超过。

中国有句老话：“活到老学到老！”任何人要想有所成就，就必须懂得“学无止境”的道理。知识就是无顶的山峰，要敢于攀登，知识是无底的山洞，要敢于探索。而人生就是攀登、探索的过程，永远没有止境。

书山有路勤为径，学海无涯苦作舟。只有不断向前，才能把有限的转化为无限的，使生命充满奇迹。

Lesson 18

脚踏实地，成功才会不请自来

不积跬步，无以至千里；不积小流，无以成江海。只有努力去做，辛勤地付出劳动和汗水，你才能不断提高自身的能力；只有积极地去做，激情满怀地面对人生，你才能在生命的运动中寻找契机；只有坚持不懈地去做，充满信心地迎接生命中的风风雨雨，你才能从挫折和失败中汲取力量，从而在人生的道路上披荆斩棘，最终摘取成功之花。

脚踏实地，平凡中成就梦想

很多女孩都渴望成功，也渴望有一天能成为像杨澜那样成功的人士。但是杨澜能取得今天的成就是因为她脚踏实地，一步步地走到了今天，其中所经历的艰辛并不比任何人少。

每一个女孩都应当记住："天上不会掉馅饼，要想实现自己的梦想，就必须调整好自己的心态，打消投机取巧的念头，从一点一滴的小事做起，只有脚踏实地地积极行动才能换来成功的果实。"

英国有一个叫弗兰克的青年，从小立志创办杂志。一天，弗兰克看见一个人打开一包纸烟，从中抽出一张纸条，随即把它扔到地上。弗兰克弯下腰，拾起这张纸条，那上面印着一个著名女演员的照片。在这张照片下面印有一句话：这是一套照片中的一幅。烟草公司敦促买烟者收集一套照片，以此作为香烟的促销手段。弗兰克把这个纸片翻过来，注意到它的背面竟然完全空白。弗兰克感到这儿有一个机会，他推断：如果把附装在烟盒里的印有照片的纸片充分利用起来，在它空白的那一面印上照片人物的小传，这种照片的价值就可大大提高。于是，他找到印刷这种香烟附件的公司，向这个公司的经理陈述了自己的主意，最终被经理采纳了。这就是弗兰克写作生涯的开始。后来，人们对小传的需求量与日俱增，以致他不得不请人帮忙。于是，他请来自己的弟弟帮忙，并付给他每篇5美元的报酬。不久，弗兰克还请了5名报社编辑帮忙写作小传，以供应印刷厂之需。弗兰克竟然成了编者！最后他如愿以偿地做了一家著名杂志社的主编。

无论多么平凡的小事，只要从头至尾彻底做成功，便是大事。假如你能踏踏实实地做好每一件事，就绝不会空空洞洞地度过一生。

我们都是平凡人，只要我们抱着一颗平常心，踏实肯干，有水滴石穿的耐力，我们获得成功的机会，肯定不比那些禀赋优异的人少多少。

美国已逝的总统罗斯福曾说过："成功的平凡人并非天才，他资质平平，却能把平平的资质发展成为超乎平常的事业。"

有一位老教授曾说起他的经历：

"在我多年的教学实践中，发现有许多在校时资质平凡的学生，他们的成绩大多在中等或中等偏下，没有特殊的天分，有的只是安分守己的诚实性格。这些孩子走上社会参加工作，不爱出风头，默默地奉献。他们平凡无奇，毕业分手后，老师同学都不太记得他们的名字和长相，但毕业后几年、十几年中，他们却带着成功的事业回来看老师，而那些原本看来会有美好前程的孩子，却一事无成。这是怎么回事？

"我常与同事一起琢磨，认为成功与在校成绩并没有什么必然的联系，但与踏实的性格密切相关。平凡的人比较务实，比较能自律，所以许多机会都落在这种人身上。平凡的人如果加上勤能补拙的特质，成功之门必定会向他大方地敞开。”

一个人如果有了脚踏实地的习惯，具有不断学习的主动性，并积极为一技之长下工夫，那么成功就会变得容易起来。一个肯不断提高自己能力的人，总有一颗热忱的心，他们甘于平凡小事，肯干肯学，多方向人求教，他们出头较晚，却在各种不同职位上增长了见识，提高了能力，学到许多不同的知识。

脚踏实地的人，能够控制自己心中的激情，避免设定高不可攀、不切实际的目标，也不会凭借侥幸去瞎碰，而是认认真真地走好每一步，踏踏实实地用好每一分钟，甘于从基础工作做起，在平凡中孕育和成就梦想。

李嘉诚说：“不脚踏实地的人，是一定要当心的。假如一个年轻人不脚踏实地，我们使用他就会非常小心。你造一座大厦，如果地基打不好，上面再牢固，也是要倒塌的。”

不积跬步，无以致千里；不积小流，无以成江海。凡成就一番功业，都需要付出坚强的心力和耐性，你想坐收渔翁之利，那只能是白日做梦。你想凭侥幸、靠运气获取丰硕的果实，运气便永远不会光顾你。

成长箴言

“合抱之木，生于毫末；九层之台，起于垒土；千里之行，始于足下。”人们常用老子的这句话来比喻事情的成功是脚踏实地一步一步地由小而大逐渐积累的。脚踏实地是我们每个人必备的素质，也是实现梦想、成就一番事业的关键因素，自以为是、自高自大是脚踏实地工作的最大敌人。

天上不会掉馅饼，舒适的生活和优秀的成绩都不是天上掉下来的，只有脚踏实地地积极行动才能换来成功的果实。

亲爱的女孩，一定要记住：只有埋头苦干的人，才能显出真正的聪明，才能成就一番事业。

成功源自一份坚持

这些年，杨澜一直将自己定位为一个“传媒人”，她也一直在做相关的事情。她今天所取得的这些成绩很大程度上要归功于她对传媒事业的一份坚持，如若她没有坚持做传媒事业，那她的人生轨迹将会是另外一番模样。

这是美国北纽约州小镇上一个女人的故事。她从小就梦想成为最著名的演员。18岁时，在一家舞蹈学校学习三个月后，她母亲收到了学校的来信：“众所周知，我校曾经培养出许多在美国甚至在全世界著名的演员，但是我们从没见过哪个学生的天赋和才能比你的女儿还差，她不再是我校的学生了。”

被退学后的两年，她靠干零活谋生。工作之余她申请参加排练。排练没有报酬，只有节目公演了才能得到报酬。但是她参加排练的每个节目都能公演。

两年以后，她得了肺炎。住院三周以后，医生告诉她，她以后可能再也不能行走了，她的双腿已经开始萎缩。已是青年的她，带着演员梦和病残的腿，回家休养。

她相信自已有一天能够重新走路。经过两年的艰苦磨炼，无数次的摔倒，她终于能够走路了。又过了18年——整整18年！她还是没有成为她梦想的演员。

在她已经40岁的时候，她终于获得了一次扮演一个电视角色的机会。这个角色与她非常适合，她成功了。在艾森豪威尔就任美国总统的就职典礼上，有2900人从电视上看到了她的表演；英国女王伊丽莎白二世加冕时，有3300人欣赏了她的表演……到了1953年，看过她表演的人超过了4000万。

这就是露茜丽·鲍尔的电视专辑。观众看到的不是她早年因病致残的跛腿和一脸的沧桑，而是一位杰出的女演员的天才和能力，看到的是一位不言放弃的人，一位战胜了一切困苦而终于取得成就的大人物。

成功都是长期积累而成的。我们时常看到一些美国创业家，成功杂志的封面人物，创业最初五年赔了钱，一分不赚，创业第十三年赚了五十亿美元。一般人可能坚持一个月、两个月，也有可能坚持一年、两年，或五年。可是没能坚持六年，没能坚持十三年，所以没法赚到那五十亿美元。成功的关键就在于坚持。

百分之九十九的人失败，是因为在快要临门一脚踢进去的时候，却放弃了。这是他们没有办法成功的最重要原因，这也就是成功者可以实现梦想最重要的业绩法则——永不放弃，绝对坚持到底。

古希腊哲人苏格拉底说："许多赛跑者的失败，都是失败在最后几步。跑'应跑的路'已经不容易，'跑到尽头'当然更困难。"一个人的成功往往来自于自己内心的一份坚持，虽然每个人的境遇完全不同，可是他们都没有放弃自己内心的追求！这一点点坚持使他们成为真正的赢家！

德国伟大诗人歌德在《浮士德》中说："始终坚持不懈的人，最终必然能够成功。"人生的较量就是意志与智慧的较量，轻言放弃的人注定不会成功。

英国有一谚语是这样说的："一个人如果有自己系鞋带的能力，那么他就有上天摘星星的机会。"只要坚持下去，一个庸俗平凡的人也会有成功的一天，否则即使是一个才识卓越的人，也只能遭遇失败的命运。

所以，女孩们，在学习和生活中，一定要学会坚持，因为如果没有锲而不舍的精神，那么所有失败都将毫无意义。相信只要拥有了锲而不舍的毅力，就没有不可攀缘的高峰；只要拥有坚韧不拔的毅力，就没有不可逾越的障碍！

…… …… …… ……成长箴言

坚韧不拔是成大事者的可贵品质。每个女孩都有自己的理想，可是却并不是每个女孩都能坚持自己的理想一路走下去。只有善始善终的人，才最有可能实现自己的梦想。

那些被困难压倒的人，其失败的真正原因，不是遇到的阻力或障碍多大，而是自己过早地放弃或屈服；那些不畏困难而取得胜利的人总是能忍受不幸，进而战胜不幸，因为他们相信困难是有限的，人的潜力是无限的，只要有坚定的意志，就一定能渡过难关，将最初的“不可能”战胜的困难变成最终的“可能”收获的成就。

当困难降临到你的头上，你是勇敢地迎接挑战，用坚持不懈的努力对抗它，还是知难而退、落荒逃走呢？ 你能否以坚韧不拔的毅力来应对呢？

什么都阻挡不了你，天空才是你的极限

小狗问妈妈：“幸福在哪里？”妈妈告诉它：“幸福在你的尾巴上。”小狗拼命地想咬住尾巴，可是怎么也咬不到，就哭着对妈妈说自己抓不住幸福。妈妈告诉它，只要它一直往前走，幸福就会一直跟着它。

其实，生活也是这样的。只要你一直往前走，幸福就会跟着你。

杨澜写过这样一篇文章，名为《搏一搏才有机会》：

对成功，我们的定义很狭窄，往往感觉付出太多，收获太少。

歌德曾说："每个人都想成功，但没一个人想到成长。"成功是向某个目标前进的过程，是在表达自己对人生的态度。成功在人生当中只有一两个点，它是外在，有别人去评论；成长是个持续的过程，是内在，在内心愉悦存在。说起成功，每个人都担心失去，而成长是自己的，虽缓慢，但充满自信。

每个成功都是困境的开始，人要想着怎样渡过困境。人要想做独特的自己，就不要太容易受伤，脸皮要厚点。有时，人并不喜欢自己工作的环境，环境给人相当大的压迫感。这时，你一方面要寻求突破，另一方面心里要清楚你要什么。

……

很多人问我："你为什么能采访各国总统等大人物，我就不能？"

其实，你要相信积累。首先，你要让你的报道稍微有点不同。就那么一点不同，或许后面的情形就不一样了。我刚开始采访时，托很多人才约到一个证监会主席，还要出场费，我心里很郁闷。但三四年后，节目做得好，底气足了，别人争着来上我的节目。

我不管什么采访，所有功课都自己来消化。你要相信积累的力量，还有就是诚意、善意的力量，在你能力范围内，善意地对别人。有一种力量叫爱，当你能为别人寻找自我、表达自我提供帮助时，你的价值也会得到体现。人要学会自己成长，把成长作为人生目标去完成，就离成功不远了。

在事业面前，杨澜是成功的，她永远都知道自己想要的是什么，也永远会保持一颗进取的心，不甘于生活的平静。

"什么都阻挡不了我，天空才是我的极限。"女孩们，一定不能让生活的安逸吞噬掉自己的进取心，要时刻提醒自己，生活还在继续，要一直向前，而不该原地踏步，数着自己的脚印过活。

如今社会竞争越来越激烈，女孩们，如果你想在日后的竞争中保持优势，让自己能够迅速地成长，更应该不断地学习、不断地拼搏，因为社会真的如杨澜在文中所说的："搏一搏才有机会。"

…………成长箴言

很多人不敢追求成功，不是追求不到成功，而是因为他们在心里默认了一个"高度"。这个高度常常暗示自己：成功是不可能的，这是没有办法做到的。

女孩们，千万不要自我设限，把自己框定在一个特定的范围内，要知道，什么都不能阻挡你，只有天空才是你的极限。只有打破限制，我们才能有所超越。我们心中唯一的限制，就是我们为自己设置的那个局限。高度并非无法超越，只是我们无法超越自己思想的限制，更没有人束缚我们，只是我们自己束缚了自己。如果能够挣脱束缚，那么成功将离你不远了。

即便不能成功，也要在尝试后失败

从青涩的应届毕业生摇身变成央视的名主持；从远涉重洋的学子到纪录片的制作人；从凤凰卫视的名牌主持到阳光卫视的当家人，杨澜的身份、角色在一直在变化。

杨澜说过："这些年，有太多的遗憾。唯一对自己满意的，就是一直在追求改变。宁可在尝试中失败，也不在保守中成功。"杨澜的经历是这句话最好的注解。阳光卫视虽失败了，杨澜的挑战却是成功的，至少她知道了自己下一步应该怎样走，再次创业时应该注意什么。这收获，不经历就不能明白。

康德说："只有乐观与希望，才能有助于我们生命的滋长，能够鞭策我们的奋斗意志，生出无穷的力量。"

在人生的路上，永远不要幻想生活总是那么圆圆满满，也不要幻想在生活的四季中享受所有的春天，每个人的一生都注定要跋涉沟沟坎坎，品尝苦涩与无奈，经历挫折与失意。失意并不可怕，受挫也无须忧伤，既然你心中有目标、有信念，那么即使可能会是失败，也不要放弃尝试的勇气。

勇气可以教人在遇到挫折时，不要畏惧，不要回避，勇敢去面对它，去接受一切挑战，战胜困难，赢得成功。只要勇敢地去行动、去尝试，总会有一些收获，要么收获成功，要么收获经验。

如果人人都在挑战面前，因恐惧失败而退却，放弃尝试的机会，就无从得知事物的深刻内涵。而勇敢去做了，即使失败，也由于对实际痛苦的亲身经历，而获得宝贵的体验。

在美国经济大萧条最严重时，有一位年轻的艺术家，他全家靠救济金过日子，那段时间他急需用钱。此人精于木炭画。他画得虽好，但时局却太糟了。他怎样才能发挥自己的潜能呢？在那种艰苦的日子里，哪有人愿意买一个无名小卒的画呢？

他可以画他的邻居和朋友，但他们也一样身无分文。唯一可能的市场是在有钱人那里，但谁是有钱人呢？他怎样才能接近他们呢？

他对此苦苦思索，最后他来到纽约一家报社资料室，从那里借了一份画册，其中有美国的一家银行总裁的正式肖像。他回到家，开始画起来。

他画完了像，然后放在相框里。画得不错，对此他很自信。但他怎样才能交给对方呢？

他在商界没有朋友，所以想得到引见是不可能的。但他也知道，如果想办法与他约会，他肯定会被拒绝。写信要求见他，但这种信可能通不过这位大人物的秘书那一关。在这种困难重重的情况下，他还是决定大着胆子试一试，即使失败也比主动放弃强。

他梳好头发、穿上最好的衣服，来到了总裁的办公室并要求见见他，但秘书告诉他："事先如果没有约好，想见总裁不太可能。"

“真糟糕，”年轻的艺术家说，同时把画的保护纸揭开，“我只是想拿这个给他瞧瞧。”秘书看了看画，把它接了过去。她犹豫了一会儿后说道：“坐下吧，我就回来。”

一会儿，她回来了。“他想见你。”她说。

当艺术家进去时，总裁正在欣赏那幅画。“你画得棒极了，”他说，“这张画你想要多少钱？”年轻人舒了一口气，告诉他要25美元，结果成交了（那时的25美元至少相当于现在的500美元）。

与其不尝试而失败，不如尝试了再失败，不战而败是一种极端怯懦的行为。如果想成为一个成功者，就必须具备坚强的毅力，以及勇气和胆略。当然，敢冒风险并非铤而走险，敢冒风险的勇气和胆略是建立在对客观现实的科学分析基础之上的。顺应客观规律，加上主观努力，力争从风险中获得利益，这是成功者必备的心理素质。

成长箴言

当困难摆在我们面前，不要躲避，尝试去解决，才有可能获得成功。

很多人在尝试做一件事的时候总是希望得到一种保证，希望一次就能成功，其实这是不可能的。在条件还不成熟的情况下，失败肯定在所难免。所以，你一定要让自己振作起来，要敢于去尝试，不要想想就算了。一件事情的背后往往隐藏着很多新的机遇，而这些机会不尝试是发现不了的。你所跨出的每一步，往往会给你下一步的人生带来很大的改变。

人生就像我们蹒跚学步的时候一样，每一次尝试，每跨出一步都是一种改变，都是一种新感觉，都会有一种意外的收获和喜悦。不去尝试，就永远没有机会。

只要你始终保持尝试的热情，那么，奇迹离你还会远吗？

Lesson 19

合作总是让成功找到你

叔本华说过："单个的人是软弱无力的，就像漂流的鲁滨逊一样，只有同别人在一起，他才能完成许多事业。"合作才能共同发展，这是放之四海而皆准的真理。如果你学会与人合作而不是对抗，你就能够更深刻地体悟人生的真谛，活得更丰富圆满。在你追求目标的道路上，与那些有同样目标并且具备你所欠缺的能力的人结盟合作，你就能取他人之所长来补自身的不足，从中获益。

永远不要只想靠自己

从《杨澜访谈录》这档节目的幕后制作过程，我们可以看到，卓越来自于高效的团队，一个人能力再强，离开了集体的力量，也成就不了辉煌的事业。

雁群在天空中飞翔，一般都是排成"人"字阵或"一"字斜阵，并定时交换左右位置。生物专家们经过研究后得出结论：雁群这一飞行阵势是它们飞得最快、最省力的方式。因为在飞行中后一只大雁的羽翼，能够借助于前一只大雁的羽翼所产生的空气动力，使飞行省力，一段时间后，它们交换位置，目的是使另一侧的羽翼也能借助于空气动力缓解疲劳。这就是所谓的"雁阵效应"。

“雁阵效应”带给人们这样的启示：大雁靠着团结协作精神，才使得自己凌空翱翔，完成长途迁徙。大雁如此，在生活中，我们亦应如此，唯有顽强拼搏、团结协作才能让自己更快地成长。

第二次世界大战时期，在德国柏林东南有一座战俘营。为了逃脱纳粹的魔爪，250多名战俘准备越狱。在纳粹的严密控制之下实施越狱计划，要求战俘们进行最大限度的合作，才能确保成功。为此，他们明确地进行了分工。

这项工程复杂无比。首先要挖地道，而挖地道和隐藏地道则极为困难。战俘们一起设计地道，动工挖土，拆下床板木条支撑地道。处理新鲜泥土的方式更令人惊叹，他们用自制的风箱给地道通风吹干泥土。制作了在坑道运土的轨道和手推车，在狭窄的坑道里铺上了照明电线。所需的工具和材料之多令人难以置信，3000张床板、1250根木条、2100个篮子、71张长桌子、3180把刀、60把铁锹、700英尺绳子、2000英尺电线，还有许多其他的东西。为了寻找和搞到这些东西，他们绞尽了脑汁。此外，每个人还需要普通的衣服、纳粹通行证和身份证以及地图、指南针及干粮等一切可以用得上的东西。担任此项任务的战俘不断弄来任何可能有用的东西，其他人则有步骤、坚持不懈地贿赂甚至讹诈看守。

每一个人都有各自的分工。做裁缝、做铁匠、当扒手、伪造证件，他们日复一日地秘密工作，甚至组织了一些掩护队，吸引德国哨兵的注意力。

不仅如此，他们还要负责“安全问题”，德国人雇用了许多秘密看守，混入战俘营，专门防止越狱，“安全队”监视每个秘密看守，一有看守接近，就悄悄地发信号给其他战俘、岗哨和工程队员。

由于众人的密切协作，在一年多的时间内他们竟然奇迹般地躲过了纳粹的严密监视，成功地完成了这一切。在这里，个人英雄主义是无法赢得胜利的。

世上仅存的植物当中，最雄伟的，当属美国加利福尼亚州的红杉。红杉大约能长100米高，相当于30层楼的高度。

科学家经过研究发现，红杉跟其他的植物不太一样。一般说来，长得越高大的植物，它的根扎入土中越深，以确保其不受风雨的侵袭而愈加坚固。出乎意料的是，加利福尼亚州红杉的根，却只是散布在土地的浅表层之中。

理论上，根扎得不够深的高大植物，是非常脆弱的，只要一阵大风，就能将它连根拔起，那么，如此巨大的树木为何能抵挡狂风暴雨而不倾倒呢?

经过专家仔细研究发现，红杉属群生木本植物，它们总是成群相伴而生。成片的红杉彼此的根系纵横交错，盘根错节，紧密相连。它们一株连着一株，形成一片壮观的红杉林。除非风大到掀起地皮，否则是无法撼倒它们的。红杉这样浅根密布的生长方式，正是它长得如此高大的秘密。它的根大范围密布于大地的浅表层，方便快速吸收赖以生长的水分与营养，并将向下扎根的能量全部用以往上生长，所以，加利福尼亚州红杉才如此经得住暴风骤雨的侵袭，才生长得如此高大伟岸，才如此奋发向上生长。

一位名人曾经这样说过：“那些不肯弯下腰扶别人一把的人，当他们跌倒时，也没有人会愿意扶他一把。”自己的强大并不能保证获得成功。唯有倚靠群体的力量，才能抵达成功的顶峰；也唯有帮助更多人成功，我们才能有往上成功攀升的能量。

成功不能只靠自己。在专业化分工越来越细、竞争日益激烈的今天，靠一个人的力量是无法处理好所面对的问题的。一个人可以凭着自己的能力取得一定的成就，但是如果把你的能力与别人的能力结合起来，就会取得更大的令人意想不到的成就。

相传佛教创始人释迦牟尼曾经问他的弟子：“一滴水怎样才能不干涸？”弟子们面面相觑，无法作答。释迦牟尼说：“把它放到大海里去。”一滴水只有融入大海才能生存，才能掀起滔天巨浪。同样，个人再优秀，凭借一己的力量也很难取得成功，只有借助于集体的力量，才能取得更大的成就。

成长箴言

一个人在社会中不能孤立生存，只有与人合作，取人之长，补己之短，才能互惠互利，双方都从中获益。与人合作能够营造一个互惠共存、和平安宁的生存环境，而互相孤立或者无休止的争斗只会导致毁灭。

在生活和学习中，我们一定要注意团结和协作。团结就是力量。在巨大的困难和艰巨的任务面前，团结奋斗所焕发出的力量比个人单枪匹马的苦战不知要高出多少倍。女孩们，当你面临困境时永远不要想着只靠自己，要想到与他人合作，借助集体的力量摆脱困境、战胜困难。

团队中，每个人都很关键

2001年，杨澜推出了以采访世界各地名人为特色的《杨澜访谈录》。与以往不同的是，杨澜参与了更多的过程制作，在台前和幕后中频繁转换着角色。而且当时由于经费紧张，《杨澜访谈录》的制作班子很多时候都是在一种相当简陋的情况下搭建成组。

通常情况下，一个节目的制作班组需要很多成员的参与来保持节目的正常制作和后期编辑，至少有一位导演、一位副导演、几位摄像师、撰稿人、制片人、场记、灯光、道具、化装、服装等，但在杨澜的团队里，她身兼导演、编导、撰稿人、主持人，外带一个专职的统筹，一个策划人就是全部阵容了。至于拍摄团队则是随时调用，与其他节目组共用的。坐在电视机前收看节目的观众可能根本想象不到，那么美丽的电视画面，那么精彩的访谈节目竟然就是这样几个人给制作出来的。

对此，杨澜说道："做这个访谈节目，我们有创新。一个是当时对这个也特别感兴趣，愿意去钻研这个事，去总结一些规律性的东西，最后实在没办法就自己看书，摸着石头过河。"另外更重要的一点是，杨澜说她很幸运地拥有一个高效的团队，在当时那么艰苦的条件下，《杨澜访谈录》节目制作组的人都毫无怨言，每个人都尽心尽力，这给了杨澜很大的信心，也是节目能够高效高质制作出来的关键。

正是来自于团队的力量，才有了《杨澜访谈录》的成功。

一加一等于二，这是人人都知道的算术题，可是用在人与人的团结合作上，所创造的业绩就不再是一加一等于二了，而可能是一加一等于三、等于四、等于五……团结就是力量，这是再浅显不过的道理了。一个人是否具有团队合作的精神，将直接关系到他的工作业绩。

从前，有两个饥饿的人得到了上帝的恩赐：一根渔竿和一篓鲜活的鱼。其中一个人要了一篓鱼，另一个人则要了一根渔竿。带着得到的赐品，他们分开了。

得到鱼的人走了没几步，便用干树枝点起篝火，煮了鱼。他狼吞虎咽，没有好好体味鲜鱼的香味，一会儿，连鱼带汤就都被他一扫而光。没过几天，他再也得不到新的食物，终于饿死在空鱼篓的旁边。另一个选择渔竿的人只能继续忍饥挨饿，他一步步地向海边走去，准备钓鱼解饥。可是，当他看见不远处那蔚蓝的海水时，他的最后一点力气也使完了，他也只能带着无尽的遗憾撒手人寰。

上帝摇了摇头，决心再发一回慈悲。于是，又有两个饥饿的人得到了上帝恩赐的一根渔竿和一篓鲜活的鱼。这次，这两个人并没有各奔东西，而是商定互相协作，一起去寻找有鱼的大海。

一路上，他们饿了时，每次只煮一条鱼充饥。终于，经过艰苦的跋涉，在吃完了最后一条鱼的时候，他们终于到达了海边。从此，两人开始了以捕鱼为生的日子，有了各自的家庭、子女，有了自己建造的渔船，过上了幸福安康的生活。几十年过去了，他们居住的海边已经发展成为一个渔村。村里人都继承了两位创业者留下的传统，互相协作，取长补短，共同发展，渔村呈现出一片欣欣向荣的景象。

前两个人因为不知道合作，所以两人都失败了；而后两个人因为懂得合作，最终取得了成功。

这个小故事告诉我们：理想往往是遥远的“海洋”，现实往往是眼前的“饥饿”。要克服现实的困难去实现理想，只有毅力是不够的，还要学会与他人合作，取长补短，相偕共进，才能实现双赢。

一个人的力量是很有限的，个人的力量很难突破环境的限制。以至有人说，一个人是一条虫，两个人才是一条龙，由此可见合作的重要性。一个人是否具有团队合作精神，将直接关系到其能否取得成功。

在团队的锁链上，每个人都是关键的一环。成功人士善于与人合作，善于融入集体，因为谁都不可能是一座孤岛，一个人要取得成功，必须学会与别人一起工作，并能够与别人合作。

现在的时代是一个注重集体主义，需要团队精神的时代。没有完美的个人，只有完美的团队。个人的知识和能力是有限的，依靠和利用团队成员的知识、经验和能力共同完成工作才是明智的选择。

成长箴言

团队中，每个人都很重要。在现代社会，那些只顾自己的人，很难得到长足的发展；倒是那些时刻替别人着想、有团队精神的人，经常获得意外的收获。

一个人是否具有团队合作精神，将直接关系到其能否取得成功。

在团队的锁链上，每个人都是关键的一环。善于合作，有优秀团队意识的人，整个团队也能带给他无穷的收益。

积极参与，锻炼多方面的能力

中学时代，杨澜一直担任班上的学生干部，这无形中锻炼了她的组织、沟通、协调等各方面的能力，这对她日后的成功也有一定的帮助。

一个人的性格一般是在青少年时期培养起来的，假如你是一个内向的人、一个离群索居的人、一个孤僻的人，那你以后的生存空间也必然因你的性格被挤得越来越小；假如你是一个活跃开朗、自信大方、能独当一面的人，那你的发展空间也将不断地得到拓展，你将游刃有余地掌控自己以后的生活。这样的情况还能够形成良性循环，越有能力的人空间越大，他的性格就越能够得到发展和完善。

虽然一个人的性格在以后的成长过程中会随环境的变化有所改变，但主要的还是成形于青少年时期，现在正是你完善自己性格的最佳时期。而锻炼自己能力的最好办法就是积极参与集体活动。在集体活动中你可以锻炼自己的多方面能力：

1. 语言表达能力

人与人之间的沟通主要的方式就是语言，只有善于表达自己的意思和情感，才能为自己创造良好的生活、工作和学习环境。平时多参加集体活动，与别人多交流、多合作，扩大交际面。此外一些活动的组织策划、班级或是社团的管理工作往往更能锻炼你的语言表达能力。

2. 组织协调能力

组织协调也就是管理。比如说组织一次学生辩论赛，要用到的会议厅就需向上级请示批准，需按辩论赛要求摆设主席台、辩手席、裁判席，邀请哪些人做裁判，如何安排座次，辩论赛时出现紧急情况应如何应急等工作，都在组织协调能力之内。这些工作看似简单，其实如果想做好，其中颇有学问，活动组织得好坏除去客观原因，大部分都体现在组织的能力上。那么这项能力到底该如何习得呢？就是积极参与集体活动，比如班集体之间的篮球赛、学校的运动会、各种文艺晚会等都是你施展手脚的机会。如果你在青少年时期就有了较好的组织协调能力，并且能够不断地注意学习、锻炼，在组织管理方面一定会显示出绝佳的优势，说不定就是未来的大企业家、政治家。

3. 交际能力

交际是一门综合的艺术，包括语言表达、个人形象、做人规范、处事标准等，一个交际能力很强的人往往具有较高的智商和情商。人是属于社会中的人，只有较好地处理好与自己所处环境的关系，才能获得和谐的发展。

美国前总统小布什，在上学期间凭借其父亲进入耶鲁大学，据说在大学期间，他的学习成绩并不出色，但是他有一样为别人羡慕不已的能力，那就是他的社会交际能力。在耶鲁小布什几乎认识学校一半的人，他还被其大学中的一个秘密组织“骷髅会”吸纳，成为其中一名成员。据统计，美国“骷髅会”每年仅仅接收几名新成员。“骷髅会”平均健在人世的有800余人，而这800余人，均为美国政、军、经各界重要人物。高超的交往能力是小布什当选为总统的重要原因之一。

最好的锻炼人际关系的场所就是集体活动，因为只有在集体活动中，你才能够懂得人际交往所要遵循的原则，才能培养良好的个性，知道如何体察别人的真正需要，学会人际交往的技巧。

一般来说，那些有成就、有着辉煌人生的人具备各个方面的能力。而要成为这样的人首先自己必须能够参与到集体的活动中，唯有如此才能始终保持对外界的好奇心、包容心，才能在参与中获得更多的锻炼机会，让自己更茁壮、更强大。

如果你在青少年时期就有了丰富的组织管理能力，那么在不久的将来你就会有施展的更为广阔的天地；如果你从来默默无闻，不愿去参与，那么当你想进入的时候，机遇也许只留给了那些先前有准备、有经历的人了。

成长箴言

卡耐基认为，一个人在事业上的成功，基于专业技术的因素占了15%，另外的85%要靠人际关系，即与人相处和合作的品德和能力。在现代社会中，这种能力的重要性越来越突出。聪明的人总是善于营造和谐的群体氛围，借助群体的力量，在群体中保持自我的发展，在发展自我中促进群体的合作。

诚如陈独秀所说的“内图个性发展，外图贡献于群”。从现在开始树立集体参与、集体合作意识，在集体的海洋中自由遨游吧！

Lesson 20

养足未来的资本

现在我们还处在学习的阶段，我们要不断地增加自己的知识储备，锻炼自己各方面的能力，为以后的事业积累资本，只有这样我们才能在未来大展拳脚。

读一本好书，就是和许多伟大的人交谈

“多读几本好书”，是杨澜在博客上给二十几岁女孩的建议，其实对于十几岁的女孩来说同样适用。

钱钟书先生十分喜欢读书。通过读书，他可以神游到古今中外，和那些人类的大儒畅谈交心，不断地充实自己。考入清华大学后，他的第一个志愿是“横扫清华图书馆”。他终日泡在图书馆内，博览中西新旧书籍。据说，现清华图书馆藏书中画黑线、加评语的部分，多半出于他的手笔。钱钟书28岁被破格聘为外文系教授，这在清华园也是绝无仅有的。

1935年夏，钱钟书到英国牛津大学学习。这里拥有世界著名的专家、学者，尤其是该校拥有世界第一流的图书馆——牛津博德利图书馆，它不仅有规模庞大的中心图书馆，而且在其周围建有几十个专题图书馆。钱钟书在知识的海洋中畅游，尽情阅读文学、哲学、史学、心理学等各方面的

书籍，他还阅读了大量的西方现代小说。他时常看得入迷，有时看到书中精彩的段落，就不免大声地读起来；有时看到书中欠缺的地方，就提笔写在书的旁边。由于钱钟书的知识面极宽，“牛津大学东方哲学、宗教、艺术丛书”组委会曾聘他为特约编辑。

1979年，钱钟书的辉煌巨著《管锥编》出版，极大地震动了学术界。《管锥编》让人们充分认识到了钱钟书的广博才学，在《管锥编》里，钱钟书旁征博引，并且把他在阅读那些名著名篇时的感想也都写在了书中。法国著名作家西蒙·莱斯曾说：“如果把诺贝尔文学奖授予中国作家的话，只有钱钟书才能当之无愧。”还有一位外国记者说：“来到中国，我只有两个愿望：一是看看万里长城；二是见见钱钟书。”

伏尔泰说：“当我第一次读一本好书的时候，我仿佛找到了一位好朋友。”读书既能驱除生活中的寂寞，又能解除生活中的忧愁；既能增长知识，又能有益身心。我们可以在书中找到自己的榜样，这些书中人物一样会成为我们现实生活中的楷模，指引着我们一直向前。

书籍可以把我们引入一个神奇、美妙的世界，使我们的生活更加丰富多彩、乐趣无穷。同时，还可以使我们从书中获得人生的经验。人生是有限的，我们不可能事事都去亲身体验，而通过书本，我们可以有效地补充个人经历的不足，增添生活的感受。在书中我们可以游遍古今中外，和自己心中的伟人自由畅谈。

书籍是人类进步的阶梯。人类的发展进步，离不开历史经验的总结，离不开诸多知识的融汇与创新，而人们对人类进步的思考与探索，都可以从书本中得到解答和启示。通过阅读那些伟人的著作，我们可以更好地了解这个世界。

读一本好书，就是和高尚的人谈了一次话。

成长箴言

只有经过书籍的滋润，我们的心灵才会饱满。金圣叹说过：“天下才子必读书。”读书，是我们成才的必由之路，是我们走向成功的钥匙。读书使我们获得了知识、增强了素养、提升了气质。我们可以发现，有些成功人士并不一定受过良好的教育，他们之所以能成功，除了有远大的志向、坚强的性格外，往往就在于他们勤奋好学，热爱读书，不断地更新自己的知识，充实自己。

跟优秀的人在一起，自己也会变得优秀

经常做人物访谈节目，杨澜接触到了大量的社会精英和名流，这些重量级的人物也构成了杨澜人生经历的一部分。不少人在节目之后和杨澜仍保持密切的联系。这种联系除了会给杨澜带来一些具体的帮助之外，精神上的获益也不可忽视。

同时，与来自不同行业、不同背景的嘉宾交流，也让她的信息量获得极大的丰富。节目前的准备工作需要大量的阅读，节目进行中一问一答之间需要调动自己的全部知识储备进行智慧的呼吸，使她有机会吸收了解许多信息和知识。

法国著名物理学家李普曼在哈佛求学时，有很多好朋友，其中有为了革命而客死苏联的著名“左派”记者约翰·里德（其成名作为《震撼世界的十天》），有后来开现代诗风气之先的诗歌大师艾略特。他受教于著名美学家乔治·桑塔亚纳，知遇于著名哲学家亨利·詹姆斯，而彼时哈佛大学的校长则是推动美国大学读名著运动的著名教育家埃利奥特，好学的李普曼从韦尔斯、萧伯纳到尼采、叔本华，跨越多门学科，无所不窥，其阅读的宽泛和速度是惊人的。

1908年秋天的一个早晨，正在哈佛读二年级的李普曼，忽然听到有人

敲他的房门。他打开门，发现面前站着一位银须白发的老人。他愣住了，因为他发现这位老人是哈佛最著名的导师——哲学家威廉·詹姆斯。

威廉·詹姆斯笑着对他说道：“我想我还是顺路来看看你，告诉你我是多么欣赏你写的关于温德尔的文章。”

原来，李普曼在哈佛大学校刊上发表的一篇关于温德尔的文章被威廉·詹姆斯教授看到了，他是来向李普曼表达他的欣赏之情的。

此后，大学二年级学生李普曼成了詹姆斯教授家的常客，每周四上午十一点，他都来到教授家和他一起喝茶，他们妙趣横生的谈话涉及政治、社会、伦理、宗教等各个领域。詹姆斯曾教导他说：“一个作家每日至少要写一千字的东西，不管他是否愿意，甚至不管他有无东西可写。”

和这样的智者谈话让李普曼获得了极大的鼓励和精神上的收获，他在给父亲的信中写道：“这（与詹姆斯的谈话）是我在哈佛的生活中最了不起的事情。”

李普曼另一位老师是自由思想家、美学家桑塔亚纳，桑塔亚纳严谨缜密的行事方式、敏锐练达的批判态度、傲岸不同流俗的见解及做人方式，都使李普曼在精神上紧追他的步伐。桑塔亚纳超然物外的态度，以及相信“理智的功能是驾驭经验”的说法，并且由此延伸出来的“过分的民主可能导致大众的暴政”的观点——“这是所有统治中最残酷、最反进步的统治”——对李普曼一生的新闻及政论写作有着惊人的影响。

对于自己的两位老师，李普曼曾直白地说：“我所知的最伟大的人物中，我最热爱詹姆斯，但我越发感到，桑塔亚纳是我无法摆脱的。”

与优秀人物结交，才能提升成功的概率。怀特是美国印第安纳州小乡镇上的铁道电信事务所的新雇员，16岁时他便决心要独树一帜，27岁时他当了管理所所长，后来又成为俄亥俄州铁路局局长。

当他的儿子上学就读时，他给儿子的忠告是："在学校要和一流人物结交，有能力的人不管做什么都会成功……"

朋友与书籍一样，好的朋友不仅是良伴，也是我们的老师。

与优秀的人在一起，不仅需要勇气，更需要的是诚实。这首先需要你坦然承认自己的不足，有勇气面对自己的不足，只有这样，你的心态才会放平，你的姿态才会降低——改变你的思维模式。

与优秀的人在一起，不仅需要向别人学习，更需要的是了解自己的现实。不是别人能做到的，你就可以做到，其实人与人之间是有差距的，别人能做到的，你未必能。无法看清自己的现实，永远地自我感觉良好，你就永远无法成为优秀的人。认真讨教，认清自己。

别人的优秀，不是你贬低就会贬值，你的无知，不是你装懂就能先知。有些现实不用证明，有些能力不必让众人认可。你越是渴望别人不好或者不如你，你就永远放弃了自我提升的机会。那么，你也就离开了优秀行列。

成功的人，总是有赖于比自己优秀的朋友，不断地使自己力争上游。

成长箴言

在现实生活中，你和谁在一起的确很重要，甚至能改变你的成长轨迹，决定你的人生成败。和什么样的人在一起，就会有什么样的人生。和勤奋的人在一起，你不会懒惰；和积极的人在一起，你不会消沉；与智者同行，你会不同凡响；与高人为伍，你能登上巅峰；与优秀的人在一起，你也会变得优秀。

"一个人能否成功，不在于你知道什么，而是在于你认识谁。"松下幸之助说，"一个人的成功就是他人际关系的成功。"

好习惯让你受益终生

杨澜曾结合自己的经历，给二十多岁的女孩提了一些建议，其中一条是培养好习惯。这一条对于任何人都是适用的。

一个人也许没有很好的天赋，但是，他一旦有了好的习惯，就一定会给自己带来巨大的收益。教育家叶圣陶先生早就说过：“教育就是培养习惯。”英国著名科学家培根，一生成就斐然，也曾深有感触地说：“习惯真是一种顽强而巨大的力量，它可以主宰人的一生。”

习惯对于我们的学习、生活有极大的影响，因为它是有“惯性”的，在不知不觉中，经年累月地影响着我们的品德，暴露出我们的本性，左右着我们的成败。

几年前，当几十位诺贝尔奖得主聚会之时，记者问一位荣获诺贝尔奖的科学家：“请问你在哪所大学得到你认为最重要的东西？”这位科学家平静地说：“在小学。”“在小学学到了什么？”“学到热爱读书、尊敬老师、做错事要道歉，学会了自信……”

这位科学家出人意料的回答，说明儿时养成良好习惯对人的一生具有决定性意义。中国的古话有云：“三岁看大，七岁看老。”其含义之一就是从儿时的习惯可以推测未来，好习惯能够造就人。

亲爱的女孩们，你们要想在不久的将来实现自己的梦想，要想做一名成功人士，创造卓越的成就，就必须从培养良好的个人习惯入手。

每个人在日常生活中都有各种各样的习惯，如果单从表面来看，它是一件小事，不引人注意，但是很多人就失败在不良习惯上。拿破仑·希尔说：“习惯能够成就一个人，也能够摧毁一个人。”这说明了习惯的力量是巨大的。

日常生活中，如果你养成了尽职尽责的好习惯，那就无异于为将来的成功埋下了一粒饱满的种子，一旦机会出现，这颗种子就会在我们的人生土壤中破土而出、茁壮成长，最终成长为一棵参天大树。

一天，一位睿智的教师与他的学生一起在树林里散步。教师突然停了下来，并仔细看着身边的4株植物：第一株植物是一棵刚刚冒出土的幼苗；第二株植物已经算得上挺拔的小树苗了，它的根牢牢地盘踞到了肥沃的土壤中；第三株植物已然枝叶茂盛，差不多与学生一样高大了；第四株植物是一棵巨大的橡树，学生几乎看不到它的树冠。

老师指着第一株植物对他的学生说："把它拔起来。"学生用手指轻松地拔出了幼苗。

"现在，拔出第二株植物。"

学生听从老师的吩咐，略加力量，便将树苗连根拔起。

"现在拔出第三株植物。"

学生听从照办了。这株植物并不好拔，他费了九牛二虎之力，最后，树木终于倒在了筋疲力尽的学生的脚下。

"好的，"老师接着说道，"去试一试那棵橡树吧。"

年轻学生抬头看了看眼前巨大的橡树，想到自己刚才拔那棵小得多的树木时已然筋疲力尽，所以他拒绝了教师的提议，甚至没有去做任何尝试。

"我的孩子，"老师叹了一口气说道，"你的举动恰恰告诉你，习惯对生活的影响是多么巨大啊！"

故事中的植物就好像我们的习惯，根基越雄厚，就越难以根除。的确，故事中的橡树是如此巨大，就像根深蒂固的习惯那样令人生畏，让人甚至惮于去尝试改变它。事实是，很多人不仅没有养成尽职尽责的好习惯，而且还放任了自己的思想和行为，最终使得肩负神圣使命的自己走向了失败。

值得一提的是，有些习惯比另一些习惯更难以改变。这一点，不仅坏习惯如此，好习惯也不例外。也就是说，好习惯一旦养成了，它们也会像故事中的橡树那样，牢固而忠诚。在习惯由幼苗长成参天大树的过程中，习惯被重复的次数越来越多，存在的时间也越来越长，它们也越来越像一个自动装置，越来越难以改变。

科学家发现，一个好习惯的养成需要21天的时间，一旦养成某个好习惯，就意味着他将终身享用它带来的好处。正如奥格·曼狄诺所说："事实上，成功与失败的最大分野，来自不同的习惯。好习惯是开启成功的钥匙，坏习惯则是一扇向失败敞开的门。"

"习惯真是一种顽强而巨大的力量，它可以主宰人生！"对于我们来说，要成就学业、事业，要拥有美好的人生，必须养成好习惯，好习惯会让我们终身受益。

成长箴言

好习惯是一种无形的资产，它会给你带来惊喜。养成一个好习惯只需要长期坚持和自律，换来的却是无价的珍宝。

习惯是人生的主宰，许多个好习惯加起来，就可以成就一个人一生的辉煌。性格决定命运，习惯作为思维、心态的反复再现而成了性格的一部分，所以我们也可以说习惯决定命运。从小培养好习惯，改掉坏习惯，我们的人生之旅也会变得更加通畅。

Lesson 21 你可以不成功，但是不能不成长

在我们的人生道路上，成长比成功更重要。成功是一种结果，而成长则是一个过程，我们不能一味地追求结果，却忘记了享受过程，过程是最重要的。“在追求成功的过程中，最重要的并不是打败别人，而是做一个最好的自己！”

每件事都比别人好一点点是成功的起点

在北大的一次讲座上，杨澜曾对北大的学子说过这样一番话：

“人与人虽然没有优劣之分，但却有很大不同。一次参加一个论坛，有位教授说了一个观点：一个人不需要每件事都做好。其实只要一件事做好，你就有下一次机会。我觉得很有道理。像我遇到很多做记者的同行，他们说：‘杨澜你多幸运，能采访那么多国家元首和政府首脑，我们都没有这个机会。’而我其实是从采访一个区长开始的。所以要是区长没采访好，就不要去采访市长；市长没采访好，就不要去采访部长；等部长采访好了，再想去采访副总理、总理、总统。”

小杰大学毕业后，到一家出版社工作。当时，出版社正在进行一套丛

书编辑，每个人都很忙，主编更没有时间安排小杰具体的工作。于是小杰成了“万金油”，业务部、编辑部、印刷部……哪里需要，他就被指派到哪里。他却毫无怨言，总是把每一样工作都做得尽善尽美。

“你真是傻瓜，这样被别人指来派去的，做了那么多事，最后连自己的奖金到哪个部门领都不知道。”有人这样嘲笑小杰。

小杰只是笑笑，依然认真地去做每一件事情，而且每件事情都做得比别人好。

也有人挖苦他说：“你真是没出息，每天比谁做得都多，但是却都是一些鸡毛蒜皮的小事，你这样做再长时间也是没有成果的。”

的确，小杰做的事很琐碎，包书、送书、取书、邮寄、联络……这些事情，表面上看来的确不值得一个大学生去全身心投入。然而，小杰不这么认为，他认为每一件工作都是有意义的，认真去做，就一定会有收获。因为他的用心和努力，每一个给他指派工作的人都对他很满意。

3年后，小杰被提拔为发行部主管时，很多人都感到意外。公司总裁的话让大家翻然醒悟，他说：“小杰在每一件事情上都比别人多做一点儿，所以他学会了所有部门的工作，熟悉了所有部门的经营管理。这一点，整个出版社没有一个人赶得上他。”10年后，老总裁退休时，曾经的“万金油”——小杰出任了公司总裁。15年后，小杰成立了自己的出版公司，并取得了非凡的成就。

小杰的故事告诉我们，要想在激烈的竞争中脱颖而出，就必须把每件事情都做得要比别人好一点儿。对于我们来说，要想获得成功，也要学会每件事情比别人多做一点儿，只有这样，我们才能有下一次的机会。

很多女孩也有过这样的想法：我一定要做一件很有意义的事情，或者我将来一定要做一番大事业。当然，这样的想法很好，但是有些青少年只是空想，却没有落实到实际行动上，因此，即使是再好的梦想也不会变成现实，更不会取得成功。所以，要想获得成功，你就必须采取行动，哪怕是仅仅在某一方面做得比别人好一点点，你就有获得成功的机会。

两人到郊外旅游，听见老虎咆哮。一个人赶快蹲下，从背包里取出运动鞋。另一个人诧异不已："老虎跑得比人快，你换鞋有什么用啊？"回答是："只要我跑得比你快就行了。"

为了逃命，不一定比老虎跑得快，但你只要比另一个人快就可以了。所以，很多时候，我们全部的需要可能只是一个很小的界限——比别人好一点点。在跑马比赛中获胜的马以5∶1或者10∶1获胜，你是否认为它比其他的马跑得快5倍或10倍？当然不是。它可能只是比别的马跑得快一点儿，快一个马鼻，但其结果却好5倍或10倍。

同样的事情也发生在我们的生活中。成功的人并不一定比失败的人聪明，他们可能只是做事比他人好一点儿，但得到的回报却比别人多10倍，甚至更多。

只要比别人好一点点，我们就有可能获得成功。

成长箴言

其实，成功并不像我们想象的那么困难，只要你在做每一件事情的时候，都能做得比别人好一点点——上课的时候，当别人开小差时，你仍然在认真地听讲、做笔记；写作业的时候，别人马马虎虎，你却一再地检查，生怕出错；考试的时候，别人答完交了试卷，你却在一遍遍地检查……那么结果就可能会是天壤之别。很多时候，成功和失败之间就只差那么一点点，只要你能把握住这一点点微小的差别，那么成功将是属于你的。

每天都有重新开始的机会

有人说："要检验一个人的品格，最好是看他失败以后如何行动。" 跌倒不算失败，跌倒了站不起来，才是失败。

有人问一个孩子，他是怎么学会溜冰的？那孩子回答道："哦，跌倒了爬起来，爬起来再跌倒，反反复复，慢慢地就不会跌倒，也就学会溜冰了。"其实很简单，跌倒了之后，勇敢地站起来，就是给了自己一个新的机会，就是让自己重新开始。

是啊，每个人都有过去，甚至是非常痛苦、非常失望的伤心史。在我们的成长过程中，那些过往需要很长的时间才能慢慢忘记，有的人在回忆从前时，会觉得自己处处失败、碌碌无为，想起事业失败、亲友离去，整个世界就是一片伤心的海洋，一切都那么渺茫，似乎未来的一切，都看不清方向。

而你有没有想过，你可以从中吸取经验教训，避免下次重复出错，但不能一味地追悔感伤，沉浸于此。事情已经发生，局面已经形成，再也无法挽回，你应该学会放下过去，那些失败和痛苦以及种种不幸，其实都在昨天。今天，只要你自己愿意，只要你给自己机会，你就可以重新开始，明天，你就会看见胜利就在前方向你招手。

正如英国前首相的劳合·乔治一样。乔治有一天和朋友在散步，每经过一扇门，他便把门关上。朋友疑惑地说："你没必要把这些门关上。"乔治却说："哦，当然有必要。我这一生都在关我身后的门，你知道，这是必须做的事。当你关门时，也将过去的一切留在后面。然后，你又可以重新开始。"

美国从事个性分析的专家罗伯特·菲利普有一次在办公室接待了一个因自己开办的企业倒闭、负债累累、离开妻女到处流浪的流浪者。

那人进门打招呼说："我来这儿，是想见见这本书的作者。"说着，他从口袋中拿出一本罗伯特的书《自信心》。流浪者继续说："昨天下午我决定跳进密歇根湖。命运之神却在这时把这本书放入我的口袋中。本来我已经看破一切，认为一切已经绝望，所有的人包括上帝在内都已经抛弃了我，但这本书，使我产生新的看法，为我带来了勇气及希望，并支持我度过昨天晚上。我已下定决心，只要我能见到这本书的作者，他一定能协助我再度站起来。现在，我来了，我想知道你能替我这样的人做些什么。"

在他说话的时候，罗伯特从头到脚打量流浪者，发现他茫然的眼神、沮丧的皱纹、十来天未刮的胡须以及紧张的神态，然后请他坐下来，要他把他的故事完完整整地说出来。

听完流浪汉的故事，罗伯特想了想，说："虽然我没有办法帮助你，但如果你愿意的话，我可以介绍你去见本大楼的一个人，他可以让你有重新开始的机会，帮助你赚回你所损失的钱并且协助你东山再起。"罗伯特刚说完，他立刻跳了起来，抓住罗伯特的手，说道："看在老天爷的分上，请带我去见这个人。"

罗伯特拉着他的手，引导他来到从事个性分析的心理实验室里，和他一起站在一块看来像是挂在门口的窗帘布之前。罗伯特把窗帘布拉开，露出一面高大的镜子，他可以从镜子里看到他的全身。

罗伯特指着镜子说："就是这个人。在这世界上，其实你随时可以重新开始，只要你坐下来，彻底认识这个人。在你对这个人作充分的认识之前，他也许是一个没有任何价值的废物，但你要把他当做一个陌生人来重新认识，之后，你便可以重新开始。"

他朝着镜子走了几步，用手摸摸他长满胡须的脸孔，对着镜子里的人从头到脚打量了几分钟，然后后退几步，低下头，开始哭泣起来。一会儿后，罗伯特领他走出电梯间，送他离去。

几年后，罗伯特在街上碰到了这个人，而他不再是一个流浪汉形象，他西装革履，步伐轻快有力，头抬得高高的，原来那种衰老、不安、紧张的姿态已经消失不见。他说，他感谢罗伯特先生，让他明白了其实每天可以重新开始。

有一句古老的犹太格言这样说："对必然之事，轻快地加以接受。" 道理很简单：我们不再想象那些已经过去的烦恼的事情，就能节省下精力，给自己一个机会、一个信心，去创造一个更加丰富的生活。如果你的内心还沉溺在往事之中，你还在痛苦中挣扎、忧愁和恐慌，就仿佛在拧麻花，两股力量互不相让，那最终深陷泥沼的只有你自己。路是自己走出来的，选择是自己做的，机会是自己给的，为什么不选择接受不可避免的错误和失败，并抛下它们往前走。

失败是对一个人人格的考验，在一个人除了自己的生命以外，一切都已失去的情况下，潜在的力量到底还有多少？可是，你没有勇气继续奋争、自认失败，那么你所有的能力，就会全部消失。而只有毫无畏惧、勇往直前、永不放弃人生责任的人，才会在自己的生命里有伟大的进展，每一天都有机会让你自己重新开始，你的彩虹是你自己创造的。

…………成长箴言

人生是一个个梦的组合，每次梦醒都是一次生命的开端。当第一声鸟鸣声起，拉开窗帘，让明媚的阳光驱散雾霭照亮脸庞，推开一扇窗，让混着花香的春风带走过去漫过心房。面对一个新世界的鸟语花香，张开新奇的眼睛，装满愉悦饱满的情绪，内心就会滋长出美好的憧憬希望。

昨天在昨天已经结束，今天对于明天来说将成为历史，每天都是一个新的开始。世界上所有的一切都会过去的，不论是成功或失败、快乐或悲伤，凡事只要尽力而为，问心无愧。

生活，每天都可以重新开始。

你可以不成功，但不能不成长

对于成功和成长，杨澜曾说过这样一番话：

“每个人都在成长，这种成长是一个不断发展的动态过程。也许你在某种场合和时期能够达到一种平衡，但平衡是短暂的，可能瞬间即逝，不断被打破。成长是无止境的，生活中很多事难以把握，甚至爱情，你可能会变，那个人也可能会变。但是成长是可以把握的，这是对自己的承诺。虽然我们再怎样努力也成为不了刘翔，但我们仍然能享受奔跑。可能会有人会妨碍你的成功，却没人能阻止你的成长。换句话说，这一辈子你可以不成功，但是不能不成长。”

成长是一个人的生命过程，成功只是生命过程中的一个小站，是一个结果。从幸福和快乐的角度讲，每个人生命的潜意识里都会希望时时快乐幸福、处处快乐幸福。所以，我们希望快乐和幸福常伴生命的左右，而不仅仅是片刻“成功”的快乐和幸福。生命的片刻幸福与快乐是没法与生命整体的快乐和幸福相比的。因此，我们说过程比结果重要，成长比成功重要。但在过程中如何体会时时快乐幸福，却要靠对过程发展运行本质规律的把握和认识。

在人的一生当中，成长比成功更重要。成长是一个持续的过程，今天的成功，只代表现在这个时刻。如果看得远些，就知道山外有山、楼外有楼；如果看得长些，就知道山高路远、山高路险，面对未来，就没有任何理由骄傲；而在成长的过程中，通过学习，自我提高，才是最实实在在的收获，这种收获远比成功更重要。

两岁时，张亚勤失去了父亲。他的几个亲戚住在不同城市，为了锻炼自己的独立生活能力，小小年纪的他在几个城市之间独来独往；临近高考，他突然患病，母亲劝他放弃，张亚勤不听："我就是想试试，即使失败也是一次练习；要是不争取，那就一定不会成功！"结果他如愿考进了中国科大少年班。然后，硕士、博士……最终成为微软公司全球副总裁、世界电子工程领域最杰出的科学家之一。回首走过的岁月，张亚勤自豪地说："在我看来，成长比成功更重要。在成长的过程中，我获得了独立、执著、坚强、自信……没有那一段成长的经历，便没有我今天的一切！"

成功是一颗钻石，而成长则是一条充满荆棘的道路。很多人为了那一颗钻石而披荆斩棘，却不知享受自己不断超越阻碍奔向成功的成长之路。在成长的过程中，我们收获了比钻石更珍贵的人生经验。通过这人生经验，我们甚至可以得到几十颗更大更美的钻石。

刚上初中时，由于小学是在农村上的，小美的英语基础比较差，每次上英语课，小美总是提心吊胆的，生怕老师提问自己。有时老师请大家朗读课文，小美更是紧张得要命，手心出汗，心跳加速。若是老师恰好提问到她，她更是一问三不知。后来有一次学校举办英语演讲比赛，英语老师鼓励她参加。当时小美一个劲地推托，在老师的再三鼓励下，小美终于鼓起勇气报了名。

刚拿到演讲稿的时候，小美傻眼了，光是长长的演讲稿就足够她背好多天的了，而且上面还有很多小美不认识的单词，她想退出了。但是看到别的同学都在认真地准备，小美最终还是决定试一试。

每天放学后，小美都留下来在教室里背演讲稿，刚开始的时候，很多单词都不认识，小美只能一遍遍地查看工具书……经过半个多月的精心准备，终于到了比赛的日子。

小美在台上用英语流利地完成了自己的演讲，连她自己都很惊讶原来自己能说得这么好。后来，尽管没能进入决赛，但小美一点儿也不觉得遗憾。通过这次比赛，她感觉自己成长了不少，说英语变得流利了，也更加自信了。老师在课上提问时，小美也不再担心害怕。

经过这次演讲比赛的锻炼，小美感觉自己成长了不少，虽然没有成功，但是她从中获得了不少有益的帮助，这就已经足够了。

成功是每个人的目标，我们在努力达到这个目标时可能会成功，也可能会失败。但无论结果怎样，我们都能享受到这追逐成功的过程，享受这过程中我们不断成长的痕迹，收获人生的"钻石"。

成功是一种结果，成长是一个过程，过程才是最重要的。在追求成功的过程中，最重要的并不是打败别人，而是让自己不断地成长。

…………成长箴言

在青春年少的日子里，花开花落，我们经历着成功的喜悦、挫折的苦痛，每一步都记载着成长的印记，每一天都在成长中收获……

失败并不悲哀，有时我们想要得到的不是成功，只是成长路上为梦想拼搏的力量和那颗追逐未来的充满希望的炽热的心。尽力了，奋斗了，经历了那段刻骨铭心的岁月，即使没有成功又有什么可遗憾的呢？

其实，很多时候，成长比成功更重要。

Chapter 7

善待自己，也多一点关爱给他人

Lesson 22

有健康的身体才有未来

健康的身体是我们幸福生活的根本，没有健康的身体，一切终将化为乌有。对于十多岁的女孩来说，健康的身体是我们完成学业的雄厚资本，是我们激扬青春的动力源泉，是我们开拓人生的坚实支柱，拥有了健康的身体，我们才有可能拥有一切。

有了健康的身体，我们才能凭自己的聪明、才智、技术去努力创造，经营自己的美好人生。同时，只有拥有健康的身体，我们才能享受美好人生。

盲目减肥的巨大代价

伟玲13岁了，她聪明伶俐，不仅学习好，而且学什么会什么。有一次，她看到同班的女孩穿了一件自己制作的裙子，于是她自己用周末一个晚上的时间也做出了一件漂亮的花裙子。父母和邻居都很喜欢她。

伟玲从小就喜欢跳舞，周末还一直坚持在舞蹈学校学习，而且经常得到老师的夸奖。由于她喜欢舞蹈，加上父母的支持，从小学二年级开始就从普通小学转入了专门的舞蹈学校。几年来，伟玲捧回了无数的奖项，她的强项是独舞和芭蕾舞。舞蹈学校的老师为了限制孩子们的体重，对饮食有很多限制，不让他们多吃。尽管如此，许多孩子都会在被子里偷吃，但伟玲却非常听话，即使很饿，自己也坚持不多吃。

每天，不管什么天气，伟玲都会坚持近两个小时的大运动量练习，也因为她的卓越成绩，父母很为她感到骄傲，因此，对从小胃口就不好的女儿也没有太在意。到了夏天，伟玲开始出现胃疼，原来饭量就很少的她吃得更少了。

很快地，伟玲的体重从原来的70余斤，下降到不足40斤（身高156厘米），最低时，体重只有35斤。在这种情况下，她常常晕倒，连学校都不能去了。

伟玲说她不希望体重增加，自己也没有任何食欲。尽管父母想尽了一切办法，但仍然无法让她进食。妈妈哭着说，孩子早晨连1/5的小蛋黄都吃不完，这还算好的时候。有时，常常是一天下来什么都不吃，吃进嘴里的东西，咀嚼后又吐掉。伟玲看起来已经失去了对所有食物的兴趣。她说："小时候，在舞蹈学校时想吃，但老师不让吃，自己挺挺就过去了。现在，我从来就不觉得饿。"

事实上，伟玲已经患上了神经性厌食症。对于青春期的女孩来说，最容易患上"厌食症"。这种厌食，并不是因为身体真有什么疾病，吃不下饭，事实上，这些孩子身体健康，而且大多聪明、用功、学习成绩好，而且都比较早熟。本来进入青春期的少女应开始储存体脂，乳房隆起，臀部日益变圆，骨盆变宽，这些天赋的形体特点恰恰是女性美最富魅力的显露，但是有些女孩却对身体形态的改变感到紧张，出现莫须有的心理负担。于是拼命节食，不吃肉和蛋，饿了就喝水，千方百计地想通过节食来换取一个苗条的体形。刚开始的时候，她们想吃但不敢吃，因而刻意地让自己少吃，后来就会渐渐地成为习惯。

有关资料显示，过度节食正在成为世界5种新病症之一。据统计，全世界患神经性厌食症的人数在不断地增长，每8个患神经性厌食症的人中，女性就占了7个。在这些女性中，正处于青春发育期的女孩占了绝大多数。

很多女孩子受到社会生活环境的影响，因为害怕肥胖而开始盲目减肥，有的女孩不仅节食，甚至还会吃一些减肥药。有专家指出，盲目减肥的方法极为危险，在体重不断减轻的同时，也会相继出现食欲不振、乏力、易倦和抑郁等现象。由于过度节食会造成正在青春发育期的女孩摄食过少，骨骼发育不全，影响身高，甚至年纪轻轻就患上骨质疏松症。此外营养不良有可能会导致卵巢发育不良，甚至因无月经而终生不育的可能。病情严重的话，会导致心脏衰竭，甚至死亡。

对于减肥，杨澜表示，她非常反对并不是太瘦的女孩通过某种药物来减肥。爱美之心，人皆有之，但是不能牺牲自己的身体健康去盲目地减肥。

让我们先来看看那些要减肥的女孩子是不是真的肥胖？一般进入初中后，女孩子的身体开始发育，体重也会增加很快，这是一种正常的发育，因为进入青春期的女孩正是机体发育旺盛时期，脂肪对于女孩来说，具有更为重要的作用。它不仅能保持恒定体温，储存身体需要的能量，有助于生长发育，还能增加皮肤的弹性，保持女性特有的曲线美。所以，只要不超过正常标准的20%就不算是肥胖。

如果体重真的超过了正常的范畴，也不要盲目地减肥。在减肥的时候有以下几点要注意：

1．保持平常心，不要有过多的自卑情绪

抑郁、焦躁的情绪会影响肠胃对食物的吸收，进而使身体处于运作不良的状况，减肥就更难进行了。

2．体育锻炼要合理适当

不要因为减肥心切就过于激烈地运动，运动不当可能会造成腿部肌肉拉伸等运动性损伤。重要的是要找到适合自己的运动方式，只要坚持，就一定会有成效的。

3．膳食要合理，不要过分节食

毕竟女孩子还处于青春发育期，用忍饥挨饿的方法阻碍身体的成长是得不偿失的。

总之，我们对“胖”一定要有一个科学的认识和正确的审美标准，不要陷入盲目减肥的误区，影响身体的发育成长。

成长箴言

身体像一个银行，健康账户如果被严重透支，银行会垮掉。

俄罗斯有句关于健康的谚语：“一切好事都是‘0’，唯独健康是‘1’。”由此可见健康的重要性，所以大家都要珍惜自己的“1”，并在此基础上争取更多的“0”。

女孩们，不要自恃青春年少，便忽略了自己的健康。我们照顾身体50年，它也会照顾我们50年；我们折磨它50年，它也会折磨我们50年。如果将健康当成一个户头，而我们总是透支，不做投资，那么总有一天健康也会破产。

科学饮食，便是善待自己

杨澜在谈到健康时，曾针对二十几岁的女孩子说道：“二十几岁的女孩在饮食方面已经应该开始注意了，建议多看一些关于饮食方面的书。任何一个女孩，千万不要为了这样或那样的理由不照顾自己的身体健康，不管明天有多么的美好，而你总是以一副生病的姿态去迎接它，也并不会感觉到它的美好。”

中国有一句古话：“民以食为天。”饮食是我们生活的重中之重，我们的身体健康往往取决于得当的饮食。随着社会的发展，人们的生活质量在不断提高，膳食也由从前的粗茶淡饭变为今天的荤素佳肴。在美食面前，很多人不加以选择和控制，结果吃出了不少“病”，如糖尿病、“三高”（指高血压、高血脂、高血糖）、肥胖症、脂肪肝以及各种肠胃疾病和心脑血管疾病，这些都是现代人的常见疾病。这些病被称为“富贵病”，大部分是由饮食不当和不良的饮食习惯引起的。令人担忧的是，这些病的发病人群也逐渐呈现低龄化的趋势。

身体的健康离不开饮食，而饮食中的好习惯又决定了我们健康的程度。那么，平时我们在饮食中应该注意养成哪些好习惯呢？

首先，最好去环境清洁、明亮、舒适的地方就餐。这样，可使就餐者心情轻松愉快，消除大脑皮层的紧张与疲劳，从而增进食欲。

还要养成定时定量进餐的好习惯。这样可使消化腺的分泌和胃肠蠕动形成有规律的运动，更有利于消化和吸收。假若进食不定时，饥饱不均，就会引起胃肠功能紊乱。

饮食过程中注意不要暴饮暴食，不偏食和择食。暴饮暴食容易引发胰腺炎和急性消化不良、胃炎等；而偏食和择食容易导致身体营养成分的缺乏，因为不同食物所含营养不同，再好的食物也不可能含有所有的营养成分。

其次，有很多女孩都喜欢吃零食，这是一个不好的习惯。一方面，经常吃零食，时间一长，机体必需的营养素摄入不足，会导致营养不良。另一方面，因吃零食时会把手上的脏物与细菌带入口中，易感染肠道疾病。

还要注意饭前、饭后半小时内不要从事紧张的脑力劳动或剧烈运动，也不宜边吃饭边看书。这些都会造成胃肠蠕动减弱，消化液分泌减少，影响消化吸收功能，严重时还会引起胃炎或其他胃肠道疾病。

注意以上几点，养成良好的饮食习惯，我们就能更好地摄入各种营养物质，让身体更健康。

除了要养成良好的饮食习惯外，注意营养的搭配对维持身体的健康也是很重要的。对于青春期的女孩来说，要注意以下几点：

1．饮食要均衡

每天必需的各类食物包括粮食、肉、禽类、豆制品、蛋、蔬菜，其他还应多吃水果、坚果类食品和海带、紫菜等海产品，香菇、木耳等菌藻类食物每周也应选择食用。

合理的粮菜混食、荤素搭配，不仅可使人体所需要的营养成分齐全，相互得到补充，即营养的互补作用，还可促进食欲，增进机体对营养素的吸收和利用。

2．饮食要多元化

营养专家认为，青少年一日的膳食应该有主食、副食，有荤、有素，尽量做到多样化。合理的主食，除米饭之外，还包括面粉制品，如面条、馒头、包子、饺子、馄饨等。营养学家建议，在主食中可掺食玉米、小米、荞麦、高粱米、甘薯等杂粮。早餐除吃面粉类点心外，还要坚持饮牛奶或豆浆。

3．合理安排一日三餐

所谓合理营养，是应该符合生理功能和实际需要的，如早餐要选择热能高的食物，以足够的热能保证上午的活动。午餐既要补充上午的能量消耗，又要为下午消耗储备能量，因此午餐要有丰富的蛋白质和脂肪。至于晚餐则不宜食过多的蛋白质和脂肪，以免引起消化不良和影响睡眠。

科学饮食是一门精深的学问，掌握好饮食这门科学，我们才能长得更壮、跳得更高、跑得更快。挥好“饮食”这根指挥棒，我们的生命之路一定会越来越顺畅！

成长箴言

对于处在青春期的女孩来说，正是生长发育的高峰期，加上学习任务较重，活动量大，因而对营养的需求也大大增多，所以我们在饮食上要注意营养的合理搭配。从现在起，我们要更加注意自身的饮食，以保证身体的健康和学习的顺利进行。

会休息的人才有效率

人的生命就像一张弓。在射箭的时候，弦拉得太松，箭就射得不远，拉得太满太紧，虽射得远，却也容易断。要使弓箭永远处于一个良好的状态，产生一个良好的效果，就需要松紧适度。

第三届电信行业高峰会议正在加利福尼亚州的一处度假村举行。每到会议休息时间，一些公司的老总便会回到自己的房间，不是和助手商议方案，就是研究他公司的资料，忙得团团转。

然而，令所有人惊奇的是，一到会议休息时间，环球电信公司的亨得利总是独自一个人迈出会议室，沿着度假村的忘忧湖散步，或是到花园欣赏奇花异草。

刚开始，有的老总还以为亨得利不重视这次峰会，或是贪恋山水美景忘了自己公司发展的大事。可出人意料的是，每次会议上发言时，亨得利都当仁不让。他思路敏捷，精力旺盛，侃侃而谈，一直是峰会的焦点人物。

会议结束时，有位老总好奇地问他说："平时总见你漫不经心、游手好闲似的，可一到会议时，你就精神百倍，咄咄逼人，你是不是吃了什么灵丹妙药？"

"是的，我的确是吃了灵丹妙药，但我吃的灵丹妙药就是忙中偷闲，去散步、去赏花，在这段时间里我的大脑得到了很好的休息，因此，这会议我是越开越精神呀！"

亨得利是一个会工作的人，因为他更懂休息。

杨澜在中学时期也十分注意劳逸结合，提高自己的学习效率，即使高三的时候，她也从没超过十一点钟休息。

对于还在上学阶段的我们，杨澜的经历会给我们很大的启示：一个会学习的人，应该是一个会休息、会娱乐的人。

我们不排斥勤奋学习。但我们不主张在有害健康的情况下勤奋学习。你可能会为了赶超别人，要求自己额外多学习一小时，因为你相信，那是胜过别人的唯一方法。如果别人每天学习7小时，你就学习8小时，如果别人学习8小时，你就学习9小时。

但事实是，长时间疲劳的学习，会使你的头脑迟钝，并且容易犯错。你花费更多的时间在一门功课上，不等于你会比别人学得更好、更棒。只有会休息的人才是会学习的人。劳逸结合，会让学习效率更高。

当你学习疲倦的时候，不妨停下来看看窗外，或者听听音乐，让自己疲惫的大脑休息一下。因为疲倦的感觉是生理反映出来的警告，提醒我们身体某部位超过负荷，如果置之不理，将增加身体的负担。

如果学习的时间太长，大脑就会容纳太多的信息，却没有更多的时间加以整理，大脑的功能就会下降，从而变得迟钝，再加上身体上的疲劳很多还会出现“死机”现象。这一点相信你都曾体验过，这时如果不停下来使大脑得以休息，而仍坚持打疲劳战的话，不仅学习的效率会越来越低下，而且还有可能由于不能使精力集中，而出现差错，连续一周甚至几周都得不到休息，其结果就是恶性循环。

埋头苦读固然是好事，刻苦是应该的，但是一味地埋头读书却不一定是好事。我们应该劳逸结合，适度用脑，这样学习效率才有保证!

课间的时候，不要在教室里坐着，而应该出去走一走，或者和同学们玩一会儿。这样，不仅消除了上一节课的疲劳，而且下一节课的时候，能够迅速地把注意力转移过来，上课的效果自然会好。

周末在家做作业的时候，也要注意休息，不要一坐就是几个小时。如果已经非常累但还是硬要坚持的话，学习效率就会很差，与其这样，不妨休息一下再继续，要知道，磨刀不误砍柴工。

女孩们，一定要养成劳逸结合的好习惯，不管做什么事情都要这样，不能拥打“疲劳战”，以效率取胜，而不是以时间取胜，这样，你才能拥有最强大的竞争力！

…………成长箴言

人的大脑就像一台机器，如果让一台机器长时间地工作，它的工作效率就会越来越低。同样，如果一个人长时间使用大脑而不让它休息，它的效率也会降低。

因此，我们一定要学会劳逸结合，让大脑有充分的时间休息，这是提高学习效率的必要前提。大脑如果没有得到充分的休息，它的内部细胞往往部分处于半睡眠状态，而不能活跃起来，为了使大脑充分活跃起来，达到兴奋状态，必须要有充分休息的时间，否则，要想提高学习效率，只是一句空话。

选择适合自己的运动并坚持下去

毫无疑问，杨澜每天的工作是非常忙碌的，但智慧的杨澜在忙碌中也不会忽视自己的健康，因为她明白健康是人生的第一财富，也是每个人的资本。无论是工作时还是在国外留学时，杨澜每天都会抽出点时间去做运动。也正因为如此，繁忙的工作并没有给杨澜带来很大的压力，她依旧是每天神采奕奕的。

“你想健康吗？你想聪明吗？你想健美吗？请运动吧！”奥林匹克运动创始人顾拜旦曾这样说。其实，无论在学校里，还是将来参加工作，我们都不能忽视了对身体的塑造，羸弱的身体无法为我们抵挡人生道路上的风风雨雨，我们应该抓紧时间，培养自己坚持锻炼的良好习惯。

美国陆军上将乔治·史密斯·巴顿是第二次世界大战时期世界上最知名的将领之一。他自青少年时期就酷爱锻炼，小的时候，为了锻炼身体，他几乎每天都要跑上一两公里。进入私立弗吉尼亚军事学院后，巴顿成了同年级跑得最快的学生。

毕业后，巴顿以优异的成绩获得进入西点军校的保送资格。1909年6月，巴顿军校毕业赴美国第一集团军骑兵部队服役。在部队时，虽然对他来说体育锻炼是业余的，但只要时间允许，巴顿就会一天挥汗如雨往返奔跑近15公里。

在履行兵役的同时，巴顿还代表国家“出征”奥运会。

正是由于青少年时期打造了强健的体魄，巴顿将军指挥作战时，虽然身体消耗程度与职业运动员无异，但他仍然可以几天几夜不合眼，却精力充沛。

科学研究表明，人体大部分器官的成熟都是在青少年时期完成的。换句话说，人在成年以前，是器官生长发育的时期，也就是给它们“充电”的时期。各大器官到底有多少能量，到底能用多久，取决于我们“充电”的质量。

这正好也解释了为什么青少年时期一些不良的生活习惯对身体伤害更大的问题。本来应该是积累获得的时候，但一些不爱惜身体的女孩却在大量地损耗，这肯定要导致机体功能不但没有发育完全，反而更加低下了。

因此，处于青少年时期的女孩一定要养成锻炼身体的好习惯，这对我们将来的生存至关重要。

研究发现，经常锻炼身体有利于人体骨骼、肌肉的生长，能有效改善血液循环系统、呼吸系统、消化系统的机能状况，有利于人体的生长发育，提高抗病能力，增强机体的适应能力。同时，锻炼还能改善神经系统的调节功能，提高神经系统对人体活动时错综复杂变化的判断能力，并及时做出协调、准确、迅速的反应，使人体适应内外环境的变化，保持机体生命活动的正常进行。

如果我们能够养成锻炼身体的习惯，我们的器官和组织功能进一步完善，为未来积蓄更多的能量。经常进行锻炼的人，心脏动力更足，一次搏动所提供的血液也就更多，所以他们心跳的频率就要慢，心脏自然就能工作更长的时间。当然，其他器官也是如此。

因此，我们要养成经常运动的好习惯，选择一些适合自己的运动项目并坚持下去。对于女孩子来说，那些剧烈的运动并不合适，可以选择跑步、跳绳、太极拳、瑜伽、游泳等一些比较柔和的运动，具体要选择什么样的运动，这就要看你个人的喜好了。但是有一点要记住，一定要坚持下去，不能三天打鱼两天晒网。人就如同机器一样，经常运动才能不生病。在日常的生活中，我们可以依自己的兴趣给自己制订一个锻炼身体的计划，全面锻炼，合理安排。然后督促自己一定要持之以恒。

…………成长箴言

“生命在于运动”，这是一句耳熟能详的至理名言。生命对于我们每个人而言既是宝贵的，也是脆弱的。人生苦短，犹如白驹过隙，珍惜生命自然离不开运动。“流水不腐，户枢不蠹”，适当用脑可以保持脑力不衰，而经常运动可以保持体力不衰。运动可以缓释压力，运动可以放飞心情，运动能让生命力喷薄而出。运动，是挑战自己的开始；运动，是超越极限的体验。运动不止，奋斗不息，生命才会健康、精彩！

Lesson 23

别人的疾苦，我在乎

爱心是生命的火焰。很难想象，一旦这个世界没有了爱心，那将会是什么样子。爱是一种真心的宽容和奉献。爱别人，就是爱自己。爱心为我们撑起了蔚蓝的天空。

伸出你的双手，用善良去帮助别人，善有善报。我们要用爱心让这个社会充满温暖。哪怕只是轻轻地拉别人一把，哪怕只是在别人最需要的时候紧紧地攥住他的手，也能让别人心生温暖。

爱与财富无关

2008年，由民政部主办的“中华慈善奖”表彰了一批热心于慈善工作的个人和机构，杨澜代表“阳光文化基金会”荣获了“最具爱心慈善行为楷模”。这也是对杨澜长久以来为慈善事业所作的贡献的一个表彰。杨澜说：“这些年来，无论做记者还是做企业，我始终希望能够走一条将个人成长和社会责任相结合的道路。人生很短，精力有限，日后我会更专注于文化和公益事业。我相信，这样的选择也更适合我的个性和特长。”

人的存在，就像篓子里的一堆螃蟹，你中有我，我中有你，纵横交错，息息相关，又相互伤害。但是，如果我们做事情之前都能多想想别人，以一颗善意的心行事，那么人与人之间的伤害就会被削减和免除，留下来的是更多关怀与真爱。

特蕾莎修女去世的时候，人们发现：她所拥有的全部个人财产，就是一张耶稣受难像、一双凉鞋和三件滚着蓝边的白色粗布纱丽——一件穿在身上，一件待洗，一件已经破损需要缝补。

即使这样一个在物质上一贫如洗的人，却是一位真正的富翁，她拥有很多其他人没有的东西：全世界人民的敬仰和爱戴，内心的祥和宁静，被她救助的人的无尽感激以及在她临终时的毫无愧色和了无遗憾。

她还拥有很多其他人梦寐以求却没有得到的东西，但是仅仅是以上四个方面就已经足以震撼人心了，平心而论，在这个世界上，包括那些最为人称道的领袖人物，能拥有这四种富足的人又有几个呢?

据说，在东方一个古老的国度，有一位无所不知的智者，不管人们心中有多大的烦恼和痛苦，他都能想出办法帮人解决。因此，每当国家里有人遇到难题，都会去找他倾诉心中的苦闷，经过一阵谈话之后，看似错综复杂的问题，往往都能迎刃而解。

有一天，国内最有钱的富翁和最贫苦的穷人恰好同时去找这位智者。富翁首先进到房里，过了一个多小时，却不见富翁出来。

等在外面的穷人很纳闷："到底是什么样的苦恼，要花这么多的时间来倾诉和解决？"又过了很久，富翁还是没有出来，穷人自己生起了闷气。他想，一定是因为富翁是有钱人，所以智者给了他额外的指点，这才需要花费如此多的时间。

但是生气归生气，他还是必须耐心地等下去，不知不觉地，他就在椅子上睡着了。

不知过了多久，睡梦中的他被人摇醒，他睁眼一看，原来是富翁出来了，富翁对他说："该你进去了！"

他走进到房里，可是他和智者的谈话只延续了10分钟，虽然智者为他指出了解决问题的方法，但是一想到富翁享受到的“待遇”，他的心里就愤愤不平，这样想着，他就把自己的想法说了出来：“为什么这么快就要我走？我进来不过才10分钟呢！刚刚富翁进来不就谈了好几个小时吗？”说完，他一屁股坐在地上，痛哭起来。

“因为贫穷的关系，从前我总是受委屈，可是怎么连您也这样瞧不起人呢？”

然而智者只是神态自若地望着他，等他尽情发泄完心中的委屈之后，才慢条斯理地说道：“您因为贫穷而苦恼，我一眼就看出来了。可是，富翁因为贫穷而苦恼，就不容易看出来了。”

穷人听了这句话，不禁目瞪口呆：“富翁竟然会贫穷？您这话真是太怪异了！”

智者随后解释道：“富翁也会贫穷，而且他还真是世上少见的心灵穷人呢！他的烦恼和忧虑，完全来自他那贫穷的心灵，我为了要帮他找出内心的贫穷，才会花那么多的时间。”

“啊！”穷人原来的愤怒与不快全都烟消云散了。他仰望天空，展开双臂，好像已经得到全世界似的，吹着口哨回家去了。

在这个世界上，确实有很多富人，他们拥有百万千万甚至上亿元的资产，但是仍然享受不到生命应有的乐趣。他们对他人包括亲人充满防备，他们用自己的钱买很多漂亮的衣服、住豪华舒适的房子，但是这些都难以掩饰他们内心的空虚，于是才有了“穷得只剩下钱了”的悲凉慨叹。

贫穷本身不是一种美德，我们每一个人生来就具有追求财富的权利，只是有太多的人，在追求财富的过程中，麻木和迟钝了自己的心灵，放弃了爱和感受爱的能力，以致逐渐变成一架赚钱的机器，失去了自己原本单纯美好的灵魂。所以，尽管后来他们有了钱，但还是没有得到真正的幸福，因为他们失去了爱，失去了真正的亲情、友情、爱情。从这个意义上讲，他们的生活十分凄惨。

所以，当你羡慕比尔·盖茨、马云等功成名就的富翁时，请不要忽略了，他们的成功，只不过是事业上的，如果失去了内心深处充盈的爱，他们的成功一文不值。如果你能了解到比尔·盖茨对于家庭生活的重视以及对于慈善事业的支持，你就会对这一点有更深的体会。不管在物质上，是富有如比尔·盖茨，还是贫穷如特蕾莎修女，他们所感受到的幸福和心灵的富足都与他们内心的爱有关。如果成功不能为人生幸福和自我价值的实现服务，这种成功就是毫无意义的。而幸福和自我价值的实现，必须借助爱的力量才能实现。

回过头来看看自己，也许你的父亲是大公司的董事长或者身处要职，也许你的父亲是工厂里的一名普通工人；也许你的童年在精致优美的别墅中度过，也许你曾在乡村中与祖母一同生活……但是这些物质上的贫富不是衡量贫富的唯一标准。因为，这种贫富不能代表你自己的未来，你未来的生活是要靠自己去创造，父母的财产不能伴随你终生。而且，更重要的是，你内心中爱的多少也将影响着贫富的程度。缺少爱的富有，不是真的富有；拥有爱的贫穷，却是一种幸福的贫穷。

曾经有一位哲学家这样问他的学生们："世界上最可爱的东西是什么？"

学生们听了，便争先恐后地站起来回答。

最后一个学生回答道："世界上最可爱的东西，是善。"

哲学家说："的确，你所说的'善'这个字中包含了他们所有的答案。因为善良的人，对于自己，他能够自安自足；对于别人，他则是一个良好的伴侣、可亲的朋友。"

善良、诚恳、坦率、慷慨，都是宝贵的财富，这种财富要比千万的家产有价值得多。

如果一个人能够大彻大悟，尽力去为他人服务，他的生命将来也必定会有惊人的发展。人生的美德再没有比和气、善良来得更宝贵的了。

一个有爱心的人一定是满足而快乐的，因为关爱别人所得到的快乐必定将他的心填得满满的，充满爱心的人一定更平和，他更热爱生活。

成长箴言

爱与财富无关。一件微不足道的小事，一次不经意的善举，都可以给别人带来温暖和快乐。在别人最需要的时候，一声问候、一句话，甚至一个同情的眼神，都可以带给别人极大的关怀。所以，不要忽视你所能付出的一点一滴，在这点滴之中付出你的爱心，从身边小事给别人以关怀，你就会成为一个善良而富有爱心的人。

慈善的是心，不是钱

有记者曾问杨澜："在一些人眼里，慈善似乎是富人去做的事情，我们看到不少媒体的宣传报道也多是关注富豪、明星的慈善举动。您怎样看待这一现象？"

杨澜回答说："慈善是一个最不论出身、最不论出钱多少的公益行为，钱多的可以多捐一点，没有钱的可以做志愿者。如果这个时候还去考量他是什么身份或出于什么样的动机，这不利于整个慈善事业的发展，这本就应该是每个人平心而做、量力而行的事情。"

可能很多女孩都有这样的看法，慈善跟我无关，因为我现在还是一个消费者，平时的花销都是从父母那里拿来的。其实这种想法是不对的，慈善不是捐多少钱的问题，而是看你是否有一颗慈善的心。

联合国前秘书长安南卸任不久，他决定在得克萨斯州的一个庄园举行一场慈善晚宴，旨在为非洲贫困的儿童募捐，时间就定在2007年2月16日。应邀参加晚宴的都是富商和社会名流。在晚宴将要开始的时候，一位老妇人领着一个小女孩来到庄园的入口处，小女孩手里捧着一个看上去很精致的瓷罐。

守在庄园入口处的保安拦住了她们："欢迎你们，请出示请柬。"

"对不起，我们没有请柬，是她要来，我陪她来的。"老妇人抚摸着小女孩的头说。

"很抱歉，除了工作人员，没有请柬的人是不能进去的。"保安告诉她们。

"为什么？这里不是在举行慈善晚宴吗？我们是来表示我们的心意的，难道不可以吗？"老妇人的表情很严肃，"可爱的小露西从电视上得知这里要为非洲的孩子们举行慈善活动，她很想为那些小朋友做点事情，她决定把自己所有的钱全部拿出来去帮助他们。我不进去可以，你就让小露西自己进去吧。"

"很高兴你们带着爱心来到这里，但是，我想这场合不适合你们进去。"保安解释说。

"叔叔，慈善的不是钱，是心，对吗？"一直没有说话的小女孩露西开口了。她的话让保安愣住了。

"我知道受到邀请的人有很多钱，他们会拿出很多钱。我没有那么多，但这是我所有的钱。如果我真的不能进去，那请你帮我把这个带进去吧！"小女孩露西说完，将手中的瓷罐递给了保安。

保安不知道是接还是不接。正在他不知所措的时候，突然有人说："不用了。孩子，你说得对，慈善的不是钱，是心。你可以进去，所有有爱心的人都可以进去。"说话的是一位老人，他面带微笑，站在小露西身旁。他拿出一份请柬递给保安："我可以带她进去吗？"

保安接过请柬，打开一看，忙向老人敬了个礼：“当然可以了，沃伦·巴菲特先生。”

当天慈善晚宴的主角不是倡议者安南，不是捐出了300万美元的巴菲特，也不是捐出了800万美元的比尔·盖茨，而是仅仅捐出30美元25美分的小露西，她赢得了最多、最热烈的掌声。而晚宴的主题标语也变成了这样一句话：“慈善的不是钱，是心。”

虽然小露西只捐出了30美元25美分，但她捐出的这一笔的价值是远远无法衡量的，因为这是一个天真的小女孩心中慈善的最大力量。在数不胜数的捐款中，这30美元25美分无疑是最耀眼的一部分。

是的，慈善的不是钱，是心。在慈善的天平上，爱心是等重的。只要有爱心，即使仅仅捐出30美元25美分，也和捐赠成千上万的人一样值得尊敬。不要把慈善活动看成仅仅是有钱人的事情，即使再普通、再平凡的人，只要我们心中有爱，也能成为慈善家。

……成长箴言

一分爱心，能够使有困难的人获得帮助，给失望的人以希望，给失落的人以信心，给懦弱的人以坚强……给别人一分爱心，就等于给别人一分帮助。即使你面临的困难再难再大也不用怕，所有人的爱心凝聚在一起，那股力量将势不可当。就算一个人再有钱，如果他连一点儿爱心也没有，那他不但是一个自私自利的人，而且是个不仁不义的人，那活得也没有价值，就算金银财宝、贴身服务在身旁，真正的快乐也会离他远去。

慈善的不是钱，是心。爱心不分大小，只要心中有爱，我们这个世界将会变得更加美好。

爱他人，也让我更爱自己

休谟说："人类生活的最幸福的心灵气质是品德善良。"一个心地善良的人，必是一个心灵丰足的人，同时，善良的举动也会带给他人内心的感动和震撼。有时，善良的表现还会给自己不可思议的回报。

苏珊是个可爱的小女孩。可是，当她念一年级的时候，医生却发现她那小小的身体里面竟长了一个肿瘤，必须住院接受化学治疗。出院后，她显得更瘦小了，神情也不如往常那样活泼了。更可怕的是，原先她那一头美丽的金发，现在差不多都快掉光了。虽然她那蓬勃的生命力和渴望生活的信念足以与癌症——死神一争高低，她的聪明和好学也足以补上被落下的功课，然而，每天顶着一颗光秃秃的脑袋到学校去上课，对于她这样一个六七岁的小女孩来说，无疑是非常残酷的事情。

老师非常理解小苏珊的痛苦，在苏珊返校上课前，她热情而郑重地在班上宣布："从下星期一开始，我们要学习认识各种各样的帽子。所有的同学都要戴着自己最喜欢的帽子到学校来，越新奇越好！"

星期一到了，离开学校几个月的苏珊第一次回到她所熟悉的教室。但是，她站在教室门口却迟迟没有进去，她担心，她犹豫，因为她戴了一顶帽子。

可是，使她感到意外的是，她的每一个同学都戴着帽子，和他们的五花八门的帽子比起来，她的那顶帽子显得那样普通，几乎没有引起任何人的注意。一下子，她觉得自己和别人没有什么两样了，没有什么东西可以妨碍她与伙伴们自如地见面了。她轻松地笑了，笑得那样甜，笑得那样美。

日子就这样一天天过去了。现在，苏珊常常忘了自己还戴着一顶帽子，而同学们呢？似乎也忘了。

一个爱的字眼，有时能把人从痛苦的深渊中拯救出来，并且带给他们希望；一个微笑，有时能让人相信他还有活着的理由；一个关怀的举动，甚至可以救人一命。有不少人曾经非常认真地考虑过结束自己的生命，而在电梯里有个陌生人跟他打了个招呼，或接到一个朋友打来的电话说“我心里正念着你”之后，便打消了自杀的念头。仅仅一个关爱的真实刹那，就足以改变一切。不要低估你心目中善良品质的力量，从而使你丧失很多行善的机会。不要以为你能够帮助别人的只是沧海一粟，不要以为你的能力不足以救人于水火。

人的能力都是有限的，我们可以在自己的力量范围之内，尽己所能地行善。

无法改变人类的命运，就设法帮助身边的人；不能拯救身染恶疾的人，就尽力给他鼓励和安慰；不能改善他人的生活条件，却可以捐出自己节省下的小小积蓄……

相信，一念善起，万事花开。

成长箴言

爱心是遇到困难时那双扶持的手，是黑暗中为我们照亮路途的那盏灯，爱心是最高尚的情感，不能用一切有形的无知来衡量。付出自己的一分爱心，换回的也许会是双倍的快乐与幸福。爱是我们大家心灵的呼唤，生活因为有了爱才有了希望，世界因为有了爱才会多姿多彩。

善良不需要理由

从1997年开始接触慈善，从开始的点点滴滴做起，到成立“阳光文化基金会”将阳光媒体投资集团权益的51%无偿捐献给社会……杨澜有的是一个博爱善良的心。

有时候，一个小小善行会铸就大爱的人生舞台。善待他人并不是一件复杂、困难的事，只要心中常怀善念即可。

当你在街上走过，看到衣衫破烂、面黄肌瘦的流浪儿坐在路边，你把自己仅有的零用钱全都掏出来递到他的手上时；当你扶一位行动不便的老奶奶过马路时，你能看到在他们眼中闪烁着的快乐和幸福吗？那快乐是不是眨眼的工夫就又传递到了你自己的心上呢？你会愉快地想：这个可怜的流浪儿可以用那些钱填饱肚子，那个走路颤巍巍的老奶奶可以安全地到家了。祝贺你！这时你便找到了快乐！这快乐胜过任何一个芭比娃娃所能带给你的惊喜，因为这快乐是你自己创造的，它会永远留在你和那个流浪儿还有老奶奶的心上，成为一份共同的美好回忆。

卢克是一个喜欢帮助别人的人，尽管他很穷。冬天的一个傍晚，卢克准备在这个小城里找一份工作，却感觉是那么的难，但他一直没有放弃。天色暗下来，寒冷逼近他，一路上冷冷清清。一般人们不走这条路，他的朋友们大多已经远走他乡，他们要养家糊口，要实现自己的梦想。然而，他留下来了。这儿毕竟是他父母生活的地方。

天越来越暗，还飘起了小雪，他得抓紧时间赶路。这时，他看见一个在路边徘徊的老太太，他差点错过她。他看得出老太太需要帮助，于是，他将车开到老太太的车前，停下来。

虽然卢克面带微笑，但她还是有些担心。一个多小时了，也没有人肯停下来帮忙。他会帮助她吗？他看上去穷困潦倒、饥肠辘辘，不那么让人放心。他看出老太太有些害怕，站在寒风中一动不动。他心里知道她是怎么想的，只有寒冷和害怕才会让人这样。

卢克微笑着说："我是来帮助你的，夫人。你为什么不到车里暖和暖和呢？顺便告诉你，我叫卢克。"

老太太遇到的麻烦不过是车胎瘪了，卢克二话没说爬到车下面，找了个地方放上千斤顶，又爬到车下一两次。结果，他弄得浑身脏兮兮的，还伤了手。当他拧紧最后一个螺母时，她摇下车窗，开始和他聊天。她说，她从圣路易斯来，只是路过这儿，对他的帮助感激不尽。卢克只是笑了笑，并帮她关上后备厢。

她问他该付多少钱，出多少钱她都愿意。卢克却没有想到钱，这对他来说善良不需要理由，帮助需要帮助的人，早已成了习惯。他说，如果她真想答谢他，就请她下次遇到需要帮助的人时，也给予帮助就够了。

他看着老太太发动汽车上了路。天气依然寒冷，但他在回家的路上却很高兴。卢克就是这样的一个人，在自己的世界里用单纯的爱帮助着每一个需要帮助的人，过着自己简单而快乐的日子。

爱和帮助不仅能让别人快乐，也是让自己快乐起来的绝妙方法。

爱是人生最伟大的信念，有了爱才会有一切。爱是快乐和幸福的根源。生活中的爱心越多，生活本身的情趣就会越多，二者是水乳交融、相辅相成的。我们生活中的幸福大都来自于一颗关爱别人的心。青少年要在生活中培养自己的爱心，心中有爱，你才会对自己的生活充满热情，你才不会让自己在困境中沉沦；拥有爱心，你的人生才会有幸福和成功。

从小到大，家长和老师告诉我们要助人为乐，学会时时向他人伸出关爱之手。如果一个人能够明白关爱他人就是一种幸福、一种良好的品质，他就会尽力去为他人服务，他的生命会因此而绚烂。

女孩们，想一想，你可以在哪些方面表达你的一片爱心呢？当人感受到被关爱、照顾和支持，当人处于融洽的氛围之中，就会生活得更加幸福和健康。人与人之间只有互相关怀、互相体谅，我们的生活才会更美好……

成长箴言

善良是一种难得的品质，我们所能感受到的善良，有时像天使背部一片洁白轻柔的羽毛，让人感受到温暖，让人感觉到希望；有时又像大力神赫拉克勒斯宽阔而结实的胸膛，让人感到无比的振奋，让人感到无比的力量。善与正直、爱心、悲悯为伍，与邪恶、阴毒、冷漠为敌，柔软时的善良，可以融化冷傲的冰川；坚硬时的善良，可以穿透任何顽固的岩石。

善良是人性中的至纯至美，一切伪善、奸笑、冷酷、麻木在它面前都会退避三舍，任何顽固的丑恶都只能在阴暗角落里对善良咬牙切齿。

善良的价值无可估量，像一粒种子生发出百倍千倍甚至上万倍的善良的果实。

Lesson 24

敬畏自然，热爱生命

大自然有着神奇的力量。她的包罗万象能对人的身心产生重大的影响，日落月升、花开花谢、四季更替、潮涨汐落……大自然给予的一切，能让人的心胸更加开阔。我们的一切烦恼，在大自然面前都会显得渺小。当你遇到挫折，她会告诉你：有花开，就有花落，只要保留着种子，明年还会发芽；当你感到不被理解，她会告诉你：水自流，风自吹，并不需要得到谁的赞同……

大自然让你找回自己的心

在散文集《凭海临风》中，杨澜有一篇文章是写给她当时尚未出世的儿子的，她告诉儿子：

“那时，你不要发愁，有一位朋友是你完全可以信赖的，那就是大自然，我们所有人的母亲。你的一切烦恼，在她面前都会显得渺小。但奇怪的是，她并不让你因此感到自卑。当你遇到挫折，她会告诉你：有花开，就有花落，只要保留着种子，明年还会发芽；当你感到不被理解，她会告诉你：水自流，风自吹，并不需要得到谁的赞同；当你被所爱的人抛弃，她会告诉你：大海并不因为滋养了河流而枯竭，阳光并未期望从它哺育的万物中得到回报；当你被虚荣所迷惑，她会告诉你：勋章和绶带也许还比不上一丛蓬勃的野菊花来得完美实在……”

在一次采访中记者问道：“大自然真的拥有什么朴素的秘诀让你成功吗？”杨澜说道：“大自然让我找回自己的心，不管曾经在哪里迷失，不管迷失有多久，它都会帮我找回来……大学的时候，我和女友登上了黄山，无法形容当时的感受，只知道拼命吸取那湿漉漉的绿色，并积攒起来，好留给日后某个干燥枯败的日子。带着‘流光容易把人抛’的少年伤感，我们既痛苦又庆幸。其实只要你打开心扉，成长中必然经历的沟沟坎坎，自然母亲都会助你一臂之力。”

杨澜与大自然的交往由来已久，杨澜最常提到的是那条通往中学的乡间小道给她带来的无限慰藉。她说：“那是属于我个人的享受。四季虫鸣、田野风雨、满耳的流水声便是我的‘随身听’，那些从不抱怨的农民，给我带来了极为朴素的美感。”

大自然有着神奇的力量。她的包罗万象能对人的身心产生重大的影响，日落月升、花开花谢、四季更替、潮涨汐落……大自然给予的一切，能让人的心胸更加开阔。

对那些懂得并欣赏美的人来说，融入大自然的怀抱就像是走进了一座巨大而精美的、弥漫着优雅和魅力的宫殿。横展在我们面前的大自然，是这样庄严、美丽、可爱。在这里有轻风在驰骋，有泉流在激溅，有鸟儿在鸣叫，风的微吟、雨的低唱、虫的轻叫、水的轻诉，显得是那么抑扬顿挫、长短疾徐，再加上夕阳的霞光、花儿的芬芳、高山的宏伟、彩虹的艳丽、空气的疏爽，构成了足以让天使陶醉的画面，而置身于其中的我们，又怎能不像喝了醇酒一般呢？但是，这种美丽和恬静是无法靠金钱来换取的；只有那些与大自然的脉搏一起跳动、心中充满了温情和爱的人，才能真正地发现它们、欣赏它们，并拥有它们。

大自然是如此美好，几乎是光明生机的象征，然而现实状况却令人感慨万千。今天的我们越来越远离大自然，甚至偶尔走进山川竟觉得索然无味，似乎远不如看电视、玩电脑游戏来得痛快！如果再仔细瞧一瞧，会发觉许多女孩小小年纪而心已经很苍老，也许早磨出了趼子。但是你们可曾真正体验过亲近自然、享受阳光的美好。

大自然是所有人的精神家园，它敞开胸怀，把日月星辰、把美丽的山水风景、把迷人的花草树木和各种神奇的飞禽走兽无私地献给了我们人类。而我们在与大自然接触的过程中，会使我们自身变得更加充实、更加丰富。

印度著名的哲学家奥修说过："当你看着一朵花、一朵玫瑰花的时候，你感到快乐——你的快乐是玫瑰花创造的。而当你快乐的时候，玫瑰花也感到快乐。它依赖着你，它等着你来。如果你不来的话，它就像一个爱人似的感到难过……如果你爱玫瑰花丛，它就会长得更快，它就会开出更大的花来，因为有人在关心它、在看它；有人在等着它，它怎么可能辜负你呢？"我们爱着大自然，大自然也就会爱着我们，为我们呈现出它最美的一面。生命的整体是互相依存的，每一样东西都依赖于其他一样东西。

法国著名的小说家乔治·桑说："我有时逃开自我，俨然变成一棵植物，我觉得自己是草木、是飞鸟、是树顶、是浮云、是流水、是天地相接的那一条黄线；觉得自己是这种颜色或那种形体，瞬息万变，来去无碍。我时而走、时而飞、时而潜、时而露。我向着太阳开花或栖在叶背上安眠；云雀飞时我也飞翔，蜥蜴跳时我也跳跃，萤火虫和星光闪耀时我也闪耀。总而言之，我所栖息的天地仿佛是由我自己伸出来的。"这种与大自然融为一体的心胸是何等的空灵，又是何等的舒心。

置身大自然，迈步山水间，任心灵自由自在地驰骋，让人在物我两忘的意境中，将天地万物置于空灵之中。这是何等的快意、何等无拘无束的心境啊！罗素曾经说过："我们的生命是大地生命的一部分，就像所有动植物一样，我们也从大地中吸取营养。”当你走进大自然，投入它那宽广的胸怀时，大自然的一草一木似乎都有灵性，都会抚慰你受伤的心灵。

成长箴言

如果你把自己融入大自然中，大自然就会敞开心胸，把日月星辰、山山水水、花草树木、飞禽走兽、空气海洋无私地赐给你，就看你会不会热爱它、会不会亲近它。如果你热爱它、亲近它，就能与其和谐相处，并且拥有金钱买不到的健康。

我们来自于大自然，只有回归大自然，我们才能找到本真的自己。这正如爱默生所说的：“人是一种活动的植物，他们像树一样，从空气中得到大部分的营养。如果他们总是守在家里，他们就憔悴了。”朋友们，请走出城市，走进自然吧，生机勃勃、博大精深的大自然将给你们提供身心发展最丰富的营养。

珍惜此刻，它不会给我们第二次把握的机会

常常会有这样的时候：我们深陷在对昨天伤心往事的懊悔中，期待明天会有不一样的艳阳高照，却唯独忽视了今天的存在。“将来我要做政府高官，改变大多数人的生活”，“将来的发明肯定能解决现在争论不休的问题”，“将来我会成为世界上最富有的人”……对年轻人来说，过去还不怎么值得回味，展望未来，信口开河又不用负责，成了大家平常的意见乐事。但事实上，我们除了现在、此刻，一无所有。你以为明天还会和今天一样，但频繁的自然灾害等有时候会给我们小小地提一下醒：明天并不一定会到来。

1871年春天，一个蒙特端综合医院的医学学生偶然拿起一本书，看到了书上的一句话，就是这句话，改变了这个年轻人的一生。它使

这个原来只知道担心自己的期末考试成绩、自己将来的生活何去何从的年轻的医学院学生，最后成为了他那一代最有名的医学家。他创建了举世闻名的约翰·霍普金斯学院，被聘为牛津大学医学院的钦定讲座教授，还被英国国王册封为爵士。他死后，他的一生用厚达1466页的两大卷书才记述完。

他就是威廉·奥斯勒爵士，而下面，就是他在1871年看到的由汤冯士·卡莱里所写的那句话："人的一生最重要的不是期望模糊的未来，而是重视手边清楚的现在。"

42年之后，在一个郁金香盛开的温暖的春夜，威廉·奥斯勒爵士在耶鲁大学作了一场演讲。他告诉那些大学生，在别人眼里，曾经当过四年大学教授，写过一本畅销书的他，拥有的应该是"一个特殊的头脑"，可是，他的好朋友们都知道，他其实也是个普通人，他所取得的一切，只是因为他注重了今天。

时间并不能像金钱一样让我们随意储存起来，以备不时之需。我们所能使用的只有被给予的那一瞬间——此刻。所谓"今日"，正是"昨日"计划中的"明日"；而这个宝贵的"今日"，不久将消失在遥远的彼方。对于我们每个人来讲，得以生存的只有此刻——过去早已逝去，而未来尚未来临。昨天，是张作废的支票；明天，是尚未兑现的期票；只有今天，才是现金，具有流通的价值。所以，不要老是惦记明天的事，也不要总是懊悔昨天发生的事，把你的精神集中在今天。对于远方将要发生的事，我们无能为力。杞人忧天，对于事情毫无帮助。所以记住：你现在就生活在此处此地，而不是遥远的地方。

一位哲学家在古罗马的废墟里发现了一尊神像。由于从来没见过这样的神像，哲学家好奇地问它："你是什么神啊，为什么有两张面孔？"

神像回答："我的名字叫双面神。我可以一面回视过去，吸取教训，另一面仰望将来，充满希望。"哲学家又问："那么现在呢？最有意义的现在，你注视了吗？”

“现在！”神像一愣，“我只顾着过去和将来，哪还有时间管现在。”

哲学家说：“过去的已经逝去了，将来的还没有来到，我们唯一能把握的就是现在；如果无视于现在，那么即使你对过去、未来了如指掌，那又有什么意义呢？”

神像一听，恍然大悟，他失声痛哭起来：“你说得没错，就是因为抓不住现在，所以古罗马城才成为历史，我自己也被人丢在了废墟里。”

《圣经》中有这样一句话：“不要烦恼明天的事，因为你还有今天的事要烦恼。”这是一句隐含大智慧的话，却不是容易做到的事。很多男人努力赚钱养家，心想赚够钱让家人拥有美好的未来，后来发现钱永远赚不够，家人也没了。因为家人拥有无数个凄凉孤单的现在，所以决定去追求自己当下的快乐。

何必为明天的事情忧虑呢？把一切泪水留给昨天，把所有烦恼抛向未来，专心地过好今天，活出生命的色彩，当晚上安然入眠时，那就是给今天最好的掌声和礼赞。

……成长箴言

托尔斯泰说：“记住吧，只有一个时间是重要的，那就是现在！所以重要，就是因为它是我们唯一有所作为的时间。”

在这个世界上，有许多事情是我们难以预料的。你左右不了变化无常的天气，却可以调整自己的心情；我们不能控制机遇，却可以掌握自己；我们无法预知未来，却可以把握现在；我们不知道自己的生命到底有多长，但我们却可以安排当前的生活。只要把握好现在，我们的人生就一定不会失色。

莫让失落的童心搁置

在接受记者采访时，杨澜曾说过这样一番话："最健康的心态应该是保持一颗童心，它能让你一尘不染、让你永远光彩熠熠，也能让你稀释烦恼。其实减压的方法很多，像我通常会做些体育锻炼，和孩子一起看动画片，但保持一颗童心其实是减压的最好方法！"

印度著名诗人泰戈尔说："活在游戏世界中的儿童，才是真正的贵族，他们总是心无旁骛、浑然忘我地玩乐，尽情挥洒自由的生命。"

一个人，在尘世间走得久了，心灵无可避免地会沾染上尘埃，使原来洁净的心灵受到污染和蒙蔽。这个时候，我们要维系一分童真、保持一分天真，不要让自己的心沾满灰尘，不要让自己被世俗所染化，失去最初的自己。

"二战"时期，一座纳粹集中营里，关押着很多犹太人，他们大多是妇女和儿童。每天，都有一部分人会被杀害，他们的人数在不断减少。

有一个天真活泼的小女孩，和她的母亲一起被关押在集中营里。一天，她的母亲和另一些妇女被纳粹士兵带走了，从此，再也没有回到她的身边。人们知道，她们肯定是被杀害了。因为每天都有人被杀害。

当小女孩问大人们她的妈妈哪里去了时，大人们沉默着流泪了，后来小女孩再三地追问，于是有人告诉她："你妈妈去找你爸爸了，不久他们会回来接你的。"小女孩信以为真，她不再哭泣和询问，而是唱起妈妈教给她的许多儿歌，一首接一首地唱着。她还不时爬上囚室的小窗，向外张望着，希望看到爸爸妈妈。

自然，小女孩是等不到爸爸妈妈的，但是却等来了死亡。就在一天清晨，纳粹士兵用刺刀驱赶着，将她和数万名犹太人逼到了刑场。刑场上已经挖好了坑，他们将一起被活活埋在那里。人们沉默着，面对死亡，人们在恐惧中发不出任何声音。

人们一个接一个地被纳粹士兵残酷地推下深坑。当一个纳粹士兵走到小女孩跟前，伸手要将她推进深坑中的时候，小女孩睁大漂亮的眼睛对纳粹士兵说："叔叔，请你把我埋得浅一点好吗？要不，等我妈妈来找我的时候，就找不到了。"纳粹士兵的手僵在了那里，刑场上顿时响起一片抽泣声，接着是一阵愤怒的呼喊……

人们最后谁也没能逃出纳粹的魔掌。但小女孩纯真无邪的话语却撞痛了人们的心，让人在死亡之前找回了人性的尊严和力量。

明朝李贽说："夫童心者，真心也；若以童心为不可，是以真心为不可也。夫童心者，绝假纯真，最初一念之本心也。若夫失却童心，便失却真心；失却真心，便失却真。"

童心不能失去，这是做一个真性情人的需要，也是做一个健康、快乐、长寿之人的需要。对女孩来说，童心更不能失去，这是女孩享受宠爱、享受快乐、享受红颜永驻的青春的需要。

莫让失落的童心搁置，在这个纷繁复杂的世界中，请把你那颗心，深深地根植在童趣的沃土里。这时，你的肩膀不会再如此沉重，你会拥有最开心的笑容！

青春的女孩因为年轻，生活中总会充满绮丽的幻想，不相信黑暗中会没有星光，没有希望；因为年轻，不相信世道可以改变自我，自我不能改变世道；因为年轻，始终坚信风雨之后会见彩虹，而不理解为什么风雨之后还是风雨……就是因为年轻，这所有的一切都被人们用一个词语来概括，那就是天真。对于很多人来说，天真已经不再是一个褒义词，而成为贬义词。虽然天真就是指心地单纯、性情直率、不做作、不虚饰，但曾几何时，天真却和孩子结了缘，成为了幼稚、无知的代名词，为聪明人所不齿。

那么，天真真的就等同于幼稚吗？答案是否定的。天真从更高层面上来理解，可以说是对理想的坚持、对未来的坚信、对永恒的追求。不想让自己在青春时就老去，就得保持天真；不想让自己生活困顿，就得学会天真。对于那些只为名利而活着的人来说，天真是他们的一大负担。对于那些渴望真实并想享受生活的人来说，天真是让他们保持自我的良药。只有天真，才能让那些渴望“诗意地栖居”在这个世界上的人们拥有一对放飞精神的翅膀。天真的人可能会活得平平淡淡、默默无闻，但他们却能踏踏实实做事、堂堂正正做人，不为名所困、不为利所诱。天真的人，无谎言被揭穿后的尴尬，无面具被摘除后的丑态，无东窗事发后的悔疚，无富得只剩下金钱的孤独；天真的人，无道貌岸然的可鄙，无口是心非的可憎；天真的人，有的只是闲看云卷云舒、静观花开花落的从容、自在、闲适、恬淡、充实和愉快。

天真的女孩不被俗事缠绕的市侩，不被浮尘包裹的虚浮，她们生活得自我、奋进、诗意、从容。这些女孩没有魅力，还会有怎样的女孩更有魅力呢？

拥有天真魅力的女孩就如同燥热的滚滚红尘中的冰激凌，让人欲罢不能。

成长箴言

童心是一泓清泉，蓝天可以使它湛蓝，碧野可以使它滴翠，污秽可以使它混浊。童心是一株稚弱的嫩芽，阳光雨露可以唤来万紫千红的春天，酷雪严霜会使它枯萎凋零。童心是一只羽翼不丰的雏鹰，只有在老鹰的呵护下，才能去搏击万里长空。童心是一张白纸，美术大师可以画出最新最美的图画，而在有的人手里，却把它变成随意丢弃的纸片。童心是人生初航的小舟，只有好的水手，才能驾驭它驶向理想的彼岸。

生命只有一次，请好好珍惜

“一名小学生收到同学恶作剧的恐吓信，喝农药自杀了。”

“一名初中生由于上课时没有回答上来问题，被老师批评了一顿，放学回家后从顶楼跳了下去。”

“一名高中生失恋后，从4楼纵身跳下。”

……

这样的消息频频见诸报端，当身边有越来越多的青少年自杀的时候，我们不禁要问，我们的孩子这是怎么了？为什么会如此不珍惜生命，为什么会这么轻易地放弃生命？

在《凭海临风》一书中，杨澜曾告诉自己未出世的孩子每一个生命都来之不易，要珍惜生命。

“等一个雨过天晴的夏日黄昏，让我牵着你的手，到柳树下去找知了的幼虫。它们往往在那种时候顶开湿乎乎的泥土，爬出整整三年的黑暗（它们通常在地下待到三年，才爬出来蜕变成会飞的蝉），攀上树干。然后它的坚硬的外壳会从背部裂开，慢慢地，从里面挣出一个又软又嫩的蝉来，翅膀紧紧合拢着，上面还挂着黏液。它静静地伏在自己的壳上，用不了多久，黏液干了，翅膀张开了，硬朗了。这时的它，挣脱最后一丝牵挂，一振翅，飞上了树梢，留下了那个呆头呆脑地挂在老地方，一动不动地黏着泥土的硬壳。”

“大自然里这样奇妙的事何止千万！当你发现了一个秘密，天知道还有多少秘密在等待你去发现。你会明白，原来你、我、他，都是秘密的一部分，都是这个又精致、又广阔的自然母亲的杰作。所以我们没有理由不珍惜自己，没有理由看不起其他任何生命。”

“如果全世界都可以放弃，至少还有你值得我去珍惜……”是的，就算我们一无所有，至少也还有生命值得我们去珍惜。可是在我们的生活中，偏偏还是有些人选择了死亡。张国荣于高楼之上纵身一跳，犹如一道流星划过天际，生命从此烟消云散。他的自杀带给人们的震撼，久久不能消散。也许我们有选择死亡的权利，但我们有更多的理由活下去。

如今，小丽已经是一名高二的学生了，她活泼开朗，整天满脸笑容，但是谁也不会想到，她曾经有过一段自杀的经历。现在回忆起那段日子，小丽仍心有余悸——

那时，快要中考了，可是爸爸妈妈正在闹离婚，这对我的情绪有了很大的影响，中考前的几次模拟考试都考得不好，有一次成绩出来后我竟然有两门课不及格。当时真的觉得天都已经塌了下来——爸爸妈妈要离婚，我已经不再有完整的家，考试考成这样，我梦寐以求的重点高中也离我越来越远，我的梦想，我的一切，我觉得什么都完了。

那天下午，我把自己关在房间里哭了好久，我在日记里写下“出生不能选择，已经是世界上最大的不公平，所以，我决定，何时结束自己的生命，一定要自己做主”。那时候，我已经有了自杀的想法，爸爸妈妈看我情绪不太对，也不闹着离婚了，整天都陪着我，但是我却想不到任何可以继续活下去的理由，我开始谋划“离开”的方式：上吊？多丑啊，脸会变成紫色，舌根会吐出，受不了！卧轨，太可怕，我很难想象自己会平静地卧在冰冷的铁轨上，眼睁睁地看着呼着热气的钢铁怪物以雷霆万钧之势向我压来。溺水？割腕？都不行。

最后，在一个家里没人的日子，我吞下了大半瓶安眠药，然后静静躺在床上等死。

大多数人肯定和我曾经想的一样，以为会昏昏睡去，安详地离开，对吧？其实根本不是。药劲发作之后，胃里折腾得翻江倒海，五脏六腑好像移了位似的，偏偏神志分外清醒。实在挺不住了，我决定起床打电话叫救护车。这时我才发现起不来了。身体完全背叛我的意志，四肢软弱无力。我试图移动，可是不行。我想喊救命，也发不出声音。

当然了，我现在还活着。那是因为紧要关头时爸爸回来了，他发现我不对劲，赶紧把我送到医院洗胃。我觉得整个事件当中最残忍的是，神志居然不曾片刻昏迷。

抢救结束后，我浑浑噩噩地睡了过去。醒来一睁眼，就看到爸爸妈妈坐在床前，双眼噙泪，揪心地望着我。床边围着一圈亲友，尤其是姥姥，看到我醒了，老泪纵横，那痛心疾首的样子，深深地触动了我。我恍然醒悟：如果我离开了人世，会给多少人带来痛苦，尤其是亲人。我有理由、有必要继续活下去！

曾看过这样一句话："纵使整个世界放弃你，你也不要放弃这个世界！"我被那么多人爱着、宠着，居然还要选择自杀。现在回想起来，当时的想法实在是太自私了，我完全没有顾及家人的感受，也没有考虑到我身边那些关心我的朋友的感受。

人活着会有很多时候觉得累，但逃避永远不是办法，人总是要坚强地面对一切。从此以后，我将会努力地活下去，努力地！

看完小丽的这段独白，或许你会被深深地震撼。

自杀也许是能够一了百了，"轻松"地抛弃一切包袱，但是，自杀前你有没有想到：你的死给家人、朋友带来多大的伤害！我们不应轻易地放弃生命，因为还有很多人没有放弃你，这个世界也没有放弃你。我们每一个生命都是自然的杰作，我们没有理由不好好珍惜自己的生命。

成长箴言

其实，人生就是一次快乐而艰巨的生命之旅，在这次生命的旅途中，有一马平川，也有崎岖不平。当生命旅途一帆风顺时，我们要学会珍惜和仰望；当生命旅途颠簸不平时，我们要学会敬畏和尊重。

在风雨兼程的生命旅途上，做一个坚强的人吧，要快乐、勇敢地生活；在如诗、如画、如歌的生活中，品读生命，体验生命的伟大，感悟生命的神秘，享受生命的美好吧！

Xiang Yanglan Yiyang Zuoge Zhixing Nühai